—— 作者 ——

杰奎琳·斯特多尔

曾任牛津大学数学研究所讲师，于牛津大学女王学院研究并教授数学史。著有多部关于早期现代欧洲数学的作品，并与埃莉诺·罗布逊合编有《牛津数学史指南》。曾为英国数学史学会常任会员，并任其会刊编辑。

A VERY SHORT
INTRODUCTION

THE HISTORY OF MATHEMATICS

数学简史

[英国] 杰奎琳·斯特多尔 著
张弢——译

译林出版社

图书在版编目（CIP）数据

数学简史 / （英）杰奎琳·斯特多尔
(Jacqueline Stedall) 著 ; 张弢译. -- 南京 : 译林出
版社, 2025. 3. -- (译林通识课). -- ISBN 978-7
-5753-0585-3

Ⅰ. 011

中国国家版本馆CIP数据核字第2025FA9746号

数学简史　[英国] 杰奎琳·斯特多尔 / 著　张　弢 / 译

责任编辑　樊　婕
装帧设计　孙逸桐
校　　对　戴小娥
责任印制　董　虎

原文出版　Oxford University Press, 2012
出版发行　译林出版社
地　　址　南京市湖南路 1 号 A 楼
邮　　箱　yilin@yilin.com
网　　址　www.yilin.com
市场热线　025-86633278
排　　版　南京展望文化发展有限公司
印　　刷　徐州绪权印刷有限公司
开　　本　850 毫米 ×1168 毫米　1/32
印　　张　4.625
插　　页　4
版　　次　2025 年 3 月第 1 版
印　　次　2025 年 3 月第 1 次印刷
书　　号　ISBN 978-7-5753-0585-3
定　　价　59.00 元

序　言

田　淼

非常荣幸有机会向读者介绍杰奎琳·斯特多尔的这本《数学简史》。以一百余页的篇幅完成对数学史的总体介绍，几乎是一个不可能完成的工作，然而，此书不仅做到了，还令人耳目一新，且展现了数学史研究的新视角，给人以新的启迪。

此书的结构与通常所见的按时序或按领域分支勾勒数学发展的通史性著作完全不同，而是选取了“什么是数学与数学家”“数学思想的传播”“数学的学习”“数学家如何谋生”等问题进行综合性的介绍与论述，并就其中一些至关重要的案例做了阐释。

本书的第一章以广受注目的费马大定理的研究历史为切入点，作者通过对相关数学家的分析，对三类数学史研究展现的图景提出质疑。“象牙塔”版本的数学论述方式忽略了数学家所处的社会与环境；只关注相关重要成果的“垫脚石”类的研究方式展现了不同阶段的研究高峰，但重要成果之间的工作和努力则无法体现；“精英”版本的历史图景则无视了这些伟大人物周边的人的工作。在此后的章节中，斯特多尔给出了与这些传统研究模式不同的视角。她将关注点更多地放在数学知识和数学家在不同地域和不同时间段的具体构成及其存在的方式，数学知识和思想如何实现传播以及数学史研究中如何理解、翻译及阐释历史文献等问题上。在此研究中，她对中国及其他非欧洲地区的数学内容和研究方式做了较为细致的探讨，以展现数学本身的多样性、地域性和时代性特征。

作为《英国数学史公报》的编辑及《牛津数学史手册》的主编之一，斯特多尔的研究视野宽广，并与众多数学史工作者有着密切的联系，这无疑是她能够完成这一著作的基础。《数学简史》自出版以来便得到了数学史界的广泛好评，杰奎琳·斯特多尔因此书于2013年获得英国数学史学会的诺伊曼奖（以英国数学家彼得·诺伊曼命名），其获奖评语评价该书"具有启发性，写作上乘，且非常适合大众读者，同时也包含很多新的及有洞见的评论"。

对数学专业学生来说，此书有助于理解数学的内容及其所从事的行业在不同地区和不同发展阶段的特征，以加深对自己领域的历史性认识。由于书中仅有很少的数学公式，它对于非数学专业的读者也具有很强的亲和性，此书并非数学发展的线性描述，而是就与数学相关的一些重要问题进行深入探讨，书中包含丰富的历史知识，并对以往数学史研究所忽视的公众对数学的理解与数学发展的关系等有着妙趣横生的描述，读来引人入胜。

值得强调的是，对于数学史及科技史研究者，此书提供了新的视角，其中对于数学多样性的描述及如何在社会、文化与环境中认识和理解数学的发展和数学家的身份特征等问题的论述，具有方法论上的启发性。此外，《数学简史》中，作者并没有为她提出的问题给出标准性答案，可以说，书中的很多问题都是开放性的，读者可以进行自己的思考并给出各自的答案。与数学一样，数学史研究也具有很强的多样性，正是由于其多样性，数学史及科学史才能够长盛不衰且异彩纷呈。为此，我恳请我的同行们在阅读过程中，暂时忽略诸如《九章算术》的成书年代和过程等学术界仍有争议的问题，而将注意力更多地集中于其中蕴含的深入思考与研究方法。

目　录

致 谢

我在给这样一个宏大主题撰写通识读本的过程中，受到了该系列其他作者极大的启发。他们中的许多人尽力以富于想象而又引人思考的方式写作，接受了同样严苛的挑战。

在过去几年中，我有幸编辑了《牛津数学史手册》以及英国数学史学会的期刊《英国数学史公报》。这使我与八十多位作者建立了密切的工作关系，他们从各种视角来写数学史。我从他们每人身上都学到了些东西。其中大部分工作都是我与埃莉诺·罗布森一起完成的，在我的朋友和同事中她是最好的一位。我非常感谢与她一起共事和讨论的时光，那段时间我试图在本书中传达的一切渐渐成形。我特别借鉴了以下诸位的研究和专业知识：马库斯·阿斯珀、索尼娅·布伦特延斯、克里斯托弗·卡伦、马里特·哈特维特、安妮特·伊姆豪森、基姆·普洛夫克尔、埃莉诺·罗布森、科琳娜·罗西、西蒙·辛格、波莉·特内勒基和本杰明·沃德豪；这些作者及其他一些人的书籍和文章，可以在书末建议的扩展阅读书单中找到。

约翰·赫尔西所收藏的孩童抄本（在第四章中论及）是数学协会的财产，收藏在位于莱斯特大学的戴维·威尔逊图书馆中。

我对协会的档案管理员玛丽·沃姆斯利和麦克·普赖斯在我研究过程中给予的热情款待与合作表示感谢。我也感谢牛津大学伍斯特学院的乔安娜·帕克，她让我看到了约翰·奥布里抄录的安妮·埃特里克的笔记本。我要感谢安德鲁·怀尔斯、克里斯托弗·卡伦、埃莉诺·罗布森及亚当·西尔弗斯坦，他们不辞劳苦地检查了第一、二、四、五章中的细节。我向他们以及就本书的各个方面发表过机敏评论的所有其他人表示由衷的感谢：牛津大学出版社不知名的诸位读者，连同彼得·诺伊曼、哈维·莱德曼、杰西·沃尔夫森以及我直系亲属中的所有成员，他们中的一些人直到现在都从未想过要了解数学的历史。

导 言

数学的历史可以追溯到至少四千年前，而且渗透进每一种文明与文化之中。即便是在像本书这样非常精简的介绍中，也可以大致按时间顺序来概述一些关键的数学事件和发现。确实，这或许正是大多数读者所期望的。不过，那样的阐述可能会有几个问题。

第一个问题是，这种叙述往往会刻画出一种辉格党版本的数学史。在这样的版本中，人们通常认为数学理解是朝着如今的辉煌成就径直地发展而来的。不幸的是，那些找寻前行证据的人士往往忽视了其中的复杂性、失误及绝望，而这些正是任何一种人类的努力都无法避免的，数学也是其中之一；有时失败可以和成功一样有启迪作用。此外，通过把当下的数学定义为用来衡量早前努力的基准，我们就会很轻易地将过去的贡献视作勇敢坚决却最终过时了的努力。相反，在试着去了解这个或那个事实或定理是如何起源的时候，我们需要将那些发现置于其自身所处的时空背景下来审视。

第二个问题是，按时间顺序排列的记述通常都遵循“垫脚石”的风格。在这样的叙述中，一个个发现被摆在我们面前，而它们之间并没有什么至关重要的联系。我会在后面进一步谈到这个问题。历史学家的目标，不仅是编制事件的时序列表，而且要阐释那些导致事件发生的影响及相互作用。这将是本书中反复出现的主题。

第三个问题是，关键事件与发现会同关键人物相关联。进一步来说，在大部分数学史上，这些人中的大多数会从16世纪左右开始出现并生活在西欧，而且多是男性。这倒不一定反映了数学史家们以欧洲为中心或者持性别歧视的态度。自文艺复兴以来的欧洲男性文化中，数学的迅速发展致使大量的材料出现，而历史学家也有正当理由认为它们值得研究。此外，我们手上有大量这一时期来自欧洲的资料，而中世纪前欧洲、中国、印度或美洲的资料相对来说就少得多。幸运的是，出自上述区域中一些地方的资料，正开始变得更便于获得且更易于查阅。不过，事实仍在于，对重大发现的关注将人类大多数群体的数学经验排除在外，比如女性、孩童、会计人员、教师、工程师、工厂工人等等；而这种情况通常遍及多个大陆且跨越数个世纪。这显然不合适。在某些显著突破的价值（本书将以其中一个作为开端）不被否认的前提下，必须从许多实践数学之人的角度来思考历史，而不是仅从少数人的观点出发。

对于数学史上大多数叙述中男性意识下的偏见，本书能做的纠正不多；不过，对于欧洲以外其他大陆的数学发展，本书不会只停留在泛泛之谈上；并且本书将尝试探索，那些名字永远不会出现在标准历史中的人士如何且在何处以及为什么从事数学实践。但这样一来，就需要不同于常规时序的考查。

我所计划遵循的替代模式将围绕主题而不是时期来构建。每章都将关注两三个案例研究；如此选择，并不是因为它们在任何方面都是全面或详尽的，而是希望它们能引出想法、问题以及新颖的思考方式。同时，为达成上述理念，我已试着尽可能地揭示出各个故事之间的差异或相似之处，以便读者可以对数学悠久历史中的至少若干方面建立起一个相互关联的观点。我的目的不仅在于展示专业历史学家如今都是怎样对待其专业领域的，而且也要展示非专业人士可以如何思考数学的历史。

通过这种方式，我希望本书能够帮助读者认识到贯穿人类历史的数学活动的丰富性与多样性；并且这将是一份非常精简的介绍，不仅是对过往岁月中的一些数学成就，而且是对数学本身作为一门现代学术性学科的历史的介绍。

第一章

数学：传奇与历史

古老而又难以解决的数学问题成为新闻并不常见。不过在1993年，英国、法国及美国的报纸都报道说，一位四十岁的数学家安德鲁·怀尔斯在剑桥艾萨克·牛顿研究所的一次演讲中展示了对三百五十年间悬而未决的费马大定理的证明。事实证明，这一声明为时尚早：怀尔斯两百页的证明中有一个错误，得花些时间来修正，而两年之后这一证明便严密了。怀尔斯用了九年时间来研究该定理。当时，这个故事成了一本书与一部电视电影的主题，怀尔斯在其中谈到自己最后的突破时热泪盈眶。

数学的这段历史之所以如此吸引公众的想象力，一个原因无疑是怀尔斯本人的形象。他在剑桥这次演讲之前，几乎与世隔绝地工作了七年，一心一意地致力于定理背后深层与复杂的数学原理。然后便是这样一个故事：一位孤独的英雄克服万难，为的是实现一个难以捉摸的目标。而那些在西方文化的神话故事中成长起来的人对此情节已经很熟悉。故事的背后甚至还有一位公主：只有怀尔斯的妻子知道丈夫的终极目标，并且成为第一个收到完整证明的人。怀尔斯把它当作生日礼物送给了妻子。

第二个原因是定理本身很容易陈述，尽管全球范围内也许不超过二十个人能完全理解费马大定理的最终证明。怀尔斯十岁时就已经对它产生了兴趣，甚至那些早把大部分学过的数学内容忘掉的人，也能理解定理在说些什么；我们稍后会来探讨这条定理。

不过在此之前，请注意在本章第二句中已经提及的三个人：怀尔斯、牛顿，还有费马。这在数学领域是很典型的：数学家通常会用他们中的一位来命名定理、猜想或体系。这是因为大多数数学家敏锐地意识到，他们总是以前辈或同事们所做的工作作为前行的基础。换句话说，数学生来便是一门与历史有关联的学科，其中前人的心血很少被忽视。为了开始思考数学史学家所提出的问题，不妨让我们将费马大定理从1993年的剑桥演讲厅回溯到其更遥远的起点。

费马与他的定理

皮埃尔·德·费马生于1601年，在法国南部度过了他的一生。他是一位受过训练的律师，曾担任图卢兹议会的顾问，那是一个所辖范围很大的司法机构。费马利用所剩无几的业余时间从事数学研究，并且远离巴黎的知识分子活动圈，几乎完全是独自一人在做那些工作。17世纪30年代，他通过巴黎最小兄弟会的修士马兰·梅森与更远地方的数学家们进行交流。但在17世纪40年代，随着身上政治压力的增加，他抽身而出，再次独自进行数学研究。费马取得了17世纪早期数学领域内的一些最深刻的成果，不过对于其中的大部分，他只乐意用吊人胃口的方式提及一点点。他一次又一次地向他的专题通讯员保证，如果有足够的闲暇时间，他会补充细节；可这种闲暇从来也没出现过。他有时会简单地陈述自己的发现，或者会发出挑战，直白地给出他正思考着的那些想法，却不透露他那些好不容易得来的结果。

他对大定理的第一次暗示便出现在这样的一次挑战中。1657年，他把信件寄给了英国数学家约翰·沃利斯和威廉·布龙克尔。他们没看出他在说些什么，并且认为若做出回应便失了身份而对此不予理会。费马过世后，其子塞缪尔在编辑他的一些笔记和论文时，该定理的完整陈述才为人所知。费马将它记在了他手上丢番图所著的《算术》一书的空白处。我们在适时回顾书中哪些内容启发了费马之前，需要简要地介绍一下费马大定理本身。

回想起上学时所学的数学，几乎每个人都会提到的便是毕达哥拉斯定理。该定理指出，直角三角形最长一边（即斜边）的平方，等于两条短边（即两腰）的平方和。大多数人可能还记得，如果两条短边分别为3及4个单位长度，那么长边将为5个单位长度，因为$3^2 + 4^2 = 5^2$。这种三角形被称作“3－4－5三角形”。有了它，人们借助一根绳子就可方便地在地上画出直角；而教科书编著者也会用到这种三角形，他们想设置无须借助计算器便可解答的问题。

由三个整数构成而满足相同关系的集合还有许多，例如很容易验算$5^2 + 12^2 = 13^2$，再如$8^2 + 15^2 = 17^2$。这样的集合有时记作（3, 4, 5）、（5, 12, 13），等等。它们被称为“毕达哥拉斯三元组”，而且有无数个这样的三元组。就像数学家喜欢做的那样，现在假定我们稍微改变一下条件，看看会发生什么。如果不是取每个数的平方，而是取它们的立方，又会怎么样？我们能否找到使$a^3+b^3=c^3$成立的三元组（a, b, c）呢？或者我们能否更进一步来找寻一个三元组，使得$a^7+b^7=c^7$甚至$a^{101}+b^{101}=c^{101}$成立？费马得出的结论是尝试毫无意义：对于任何超过平方的幂运算，我们找不到使等式成立的三元组。不过，和往常一样，他把处理细节的工作留给了其他人。这一次，他的借口不是时间问题，而是空间不够：他说找到了一个绝妙的证明，只是页边的空白处太小，写不下了。

丢番图的《算术》一书有个1621年的版本，是克洛德·加斯帕尔·巴谢所译。费马就在这样一个译本第八十五页的空白处记下了上述问题。自从1462年在威尼斯重新发现了一份希腊文手稿以来，《算术》一书就一直吸引着欧洲数学家。对于丢番图本人，人们过去一无所知，而现在所了解的就更少了。这份手稿称他为“亚历山大的丢番图”，因此我们可以假设他在埃及北部那个讲希腊语的城市生活、工作，度过了人生中一段重要的时光。我们并不知道，他是埃及本地人还是地中海世界其他地区的移民。任何对他生活年代的估计不过是猜测。丢番图引用过许普西科勒斯（约公元前150年）的一条定义，而赛翁（约公元350年）则引用过丢番图的一条结论。这就将他的生平限制在五百年的跨度之内，但更小的范围我们就没法知道了。

与其他希腊数学领域的作者留下的几何文本相比，这本《算术》极不寻常。它的主题不是几何，也不是日常计账的算术。它其实是一组复杂的问题，要求整数或分数必须满足特定条件。例如，第二册的第八个问题要求读者“将一个正方形分为两个正方形”。出于眼下的目的，我们可以将上述问题转变为更现代的表述方式，从而能看出它与毕达哥拉斯三元组有关，即一个给定的正方形（如前所示，记作c^2）可以分成或分解为两个较小的正方形（$a^2 + b^2$）。当最大的那个正方形等于16的时候（这种情况下答案涉及分数），丢番图展示了一种聪明的方式来求解；之后他就转而去研究其他问题了。

然而，费马对此犹豫了，而且肯定问过自己这样显而易见的问题：这个方法可以扩展吗？人们能不能“将一个立方体分成两个”呢？这正是他在1657年向沃利斯和布龙克尔提出的问题（费马后来向他们通报说那是不可能的，随后沃利斯愤怒地反驳说这样的“负面”问题是荒谬的）。费马在页边空白处的提议实际上不仅适用于立方运算，也适用于任何更高次幂，这远远超出了丢番图所要求解的范围。

以上叙述中已经反复出现了另一个名字，所以让我们现在沿着历史的脚步从丢番图回溯到毕达哥拉斯，后者据信于公元前500年前后居住在希腊的萨摩斯岛上。尽管这一年代很早，但许多读者可能会觉得对毕达哥拉斯比对丢番图更加熟悉：作为数学史学家，我最常被问到的问题确实是“你会一路回溯到毕达哥拉斯吗？”。毕达哥拉斯定理为人所知的确已有很长时间，令人失望的却是没有证据将其和毕达哥拉斯联系在一起。实际上，几乎没有证据将任何东西同毕达哥拉斯联系起来。若说丢番图是个身世神秘的人物，那么毕达哥拉斯便被神话与传说所笼罩。我们没有出自毕达哥拉斯或其直接追随者之手的文本。关于他的生平，有幸保留下来的最早记载出自公元3世纪，也就是在他生活年代的大约八百年后，由作者们出于各自的哲学企图发掘而出。据说毕达哥拉斯在巴比伦或埃及学过几何；而这段出自推测的旅程，或许不过是那些作者虚构的，用来巩固他的地位与权威。至于他的追随者应该做过什么或者据信做了什么，这类故事可能有一定事实上的基础，但人们不可能确定其中的任何一个。总之，毕达哥拉斯简直成了一个传奇人物。很多事都归在他的名下，可事实上人们对他并不了解。

毕达哥拉斯、丢番图、费马与怀尔斯，这四人的生活年代跨越了两千年的数学史。我们无疑可以追溯贯穿于每个故事中相似的数学思想，即使它们之间相隔了几个世纪。然后，我们就“完成”费马大定理由始至终的历史了吗？回答是“并没有”，而且原因还不少。第一个原因在于历史学家的一项任务便是将虚构从事实中剥离出来，并且让神话与历史脱钩。这并不是要低估小说或神话的价值：二者都体现了社会用来定义自身并理解自身的故事，而这些故事可能具有深刻而持久的价值。但是，历史学家一定不能让这些故事掩盖可能指向其他叙述的证据。在毕达哥拉斯这个例子中，比较容易看出貌似强有力的叙述是如何以及为什么会从最脆弱的话题中被编造出来；而就安德鲁·怀尔斯的例子来说，我们相信我们掌握了眼前的事实，也就更不易看出其中的问题。几乎所有故事的真相总是比我们最初想象的或是比作者有时想让我们相信的更为复杂，关于数学与数学家的故事也不例外。本章余下的部分便来探讨数学史上一些常见的神话和陷阱。

为了方便起见，我将它们称作"'象牙塔'版本的历史"、"'垫脚石'版本的历史"以及"'精英'版本的历史"。本书其余章节会接着给出另一些案例。

"象牙塔"版本的历史

怀尔斯的故事最显著的特征之一就是这样一个事实，即他自己故意与世隔绝长达七年之久，这样他就可以在不受打扰或干涉的情况下研究如何证明费马大定理。费马显然也是个孤独的人。如果没有别的原因，那就是地理上的距离将他和那些或许已经能够理解并欣赏他工作的人隔开。我们已经谈到了丢番图与毕达哥拉斯，却也没有提及他们同时代的人。难道这四位真是开拓新途径的孤独天才吗？这对数学研究来说是恰当的或最优的方式吗？让我们回到"毕达哥拉斯"这个主题接着谈下去。

与毕达哥拉斯相关的故事一直声称他在身边建立或吸引了一个团体或兄弟会。他们分享了某些宗教与哲学观念，也许还分享了一些数学上的探索。不幸的是，那些故事还声称兄弟会必须严格保密，这自然给人们对其活动进行无休止的猜测留下了空间。但即便这样的故事中只有一小部分是事实，毕达哥拉斯似乎也有足够的魅力吸引追随者。他的名字流传至今。这一事实的确表明他一生都受到尊重与敬仰，而且也表明他不是个隐士。

我们对确定丢番图的活动范围更有把握，他大概能在亚历山大享受与其他学者在一起的时光。几乎也可以肯定，他会有机会在庙宇或私人藏书中接触从地中海世界其他地区收集而来的图书。《算术》中的问题有可能是他自己的发现；但也有可能是他从比如书面文本或口述等其他各种来源汇编而成的一个单本合集。这本书重复出现的主旨之一，是数学经口口相传由一个人传给另一人，并如此反复。像任何具有数学创造力的人一样，几乎可以肯定丢番图同某位老师或自己的学生讨论过他提出的问题和相应解答。因此，我们不应把他想成一个私下著书并沉默寡言的人，而应将他看作一位重视学习与知识交流的城市公民。

费马即便受限于图卢兹的区域范围以及全职政务的苛刻要求，也并不像书中第一次出现时那样孤独。他早年在波尔多学习时有些朋友，其中一位叫艾蒂安·德·埃斯帕涅，此人的父亲是法国律师、数学家弗朗索瓦·韦达的朋友。韦达的作品原本并不多见，但由于这层关系，费马就有机会读到了。这注定会对他数学生涯的发展产生深远的影响。费马的另一位朋友是担任图卢兹顾问的同僚，叫皮埃尔·德·卡卡维。1636年，他移居巴黎时就随身带着关于费马及其发现的消息。费马经由卡卡维与马兰·梅森相熟；通过后者，他又与当时或许是巴黎顶尖数学家的罗贝瓦尔以及旅居荷兰的笛卡尔有了通信联系。后来，他同鲁昂的布莱士·帕斯卡及牛津的约翰·沃利斯交流了自己研究丢番图时的一些发现。因此，即便是远离重要研究中心的费马，也被连进了遍及欧洲的书信网络，这是一个虚拟的学者社区，后来被称为“文字共和国”。

说到怀尔斯，就更容易看到“孤独天才”故事中的裂痕：怀尔斯在牛津大学与剑桥大学接受教育，后来在哈佛、波恩、普林斯顿及巴黎等地从事数学研究，在所有这些地方，他都是蓬勃兴盛的数学社区中的一员。最终使他对费马大定理产生兴趣的数学线索源自他与同在普林斯顿共事的一位数学家偶然的谈话；五年后，他需要新突破时便参加了一次国际会议，来寻求该主题相关的最新思想；在证明的一个重要方面需要技术支持时他把秘密透露给了同事尼克·卡茨，并且把尚未解决的问题拿到了研究生讲座课中进行讨论，尽管最后除了卡茨外所有听众都走了；他在英国剑桥举行了三场讲座来公布整个证明，而在此之前的两周，他请同事巴里·梅热检查证明；最终的证明由另外六人检查；一个漏洞被发现后，怀尔斯邀请他以前的一位学生理查德·泰勒帮他一起进行修正。此外，在寻求证明定理的年月中，怀尔斯从未停止教学活动或缺席院系研讨会。简而言之，尽管他一人独处了那么长时间，但也融入了一个允许他如此行事的社区，并在他需要时提供帮助。

怀尔斯独处的岁月吸引了人们的想象力，不是因为这对一位在职的数学家来说是正常的，而正因为这不寻常。数学从根本上来说必然是各个层次的社交活动。世界上每个数学院系都设有公共空间，无论是凹室还是公共休息室，而且总配有某类书写板，以便数学家们在喝完茶或咖啡之后聚在一起讨论问题。语言或历史学专业的学生很少合作撰写论文，也不会被鼓励这样做；但数学专业的学生经常富有成效地合作，而且还互教互学。尽管有现代技术的各种进步，但数学主要并不是从书本上学习，而仍然是通过讲座、研讨会及课堂来跟别人学习。

“垫脚石”版本的历史

在以上所勾勒出的费马大定理的故事梗概中，毕达哥拉斯、丢番图、费马及怀尔斯不仅在他们自己的生活中以孤独的形象出现，而且相互之间没有关联，就像一块块垫脚石立在一条原本就不起眼的河流上一样。如果说历史的象牙塔版本将数学家同他们的社团及社区分隔开来，那么垫脚石版本便将这些人与他们的过去分隔开来。由于“过去”被认为是历史的主题，因此以这种方式忽略其中很大一部分似乎很奇怪，但数量惊人的普通数学史却又是以垫脚石的形式呈现出来。

接着，让我们更仔细地重新审视我们的故事以及其中的历史空白。正如毕达哥拉斯和丢番图的人生轨迹鲜为人知一样，人们对他们之间是否有所交往也不大清楚。丢番图可能从未听说过毕达哥拉斯。然而，几乎可以肯定他会接触到“毕达哥拉斯定理”，不过并非通过毕达哥拉斯的任何文本，而是从生活在公元前250年前后的欧几里得的著作中了解得知。除了这个非常粗略的年份以外，我们对欧几里得的了解并不比对几个世纪后的丢番图更多；但欧氏的主要著作《几何原本》流传了下来，成为有史以来使用时间最长的教科书，并且进入20世纪之后仍在学校的几何教学中使用。《几何原本》是欧几里得时代关于几何的一份综合汇编，其中的定理按照合理的逻辑顺序排列；而第一卷倒数第二个定理便是“毕达哥拉斯定理”，并借助几何构图被很好地证明。人们可以合理地假设亚历山大的丢番图有机会看到《几何原本》，并且有可能是“毕达哥拉斯定理”促使他对勾股三元组进行思考。不过，他的灵感同样有可能是来自我们已经无法了解清楚的其他来源。

即便是凭想象，丢番图与费马之间的最初几个世纪的情况也比丢番图之前的年代更难搞清楚。我们知道丢番图的《算术》最初成书时有十三卷，但只有前六卷以希腊语的形式保存了下来。至于方式及原因我们却不得而知。（1968年，在伊朗发现了一份阿拉伯语手稿，自名为第四卷至第七卷的译本。不过就该译本对原文呈现的准确性，学者们还有争议。）幸运的是，拜占庭（后来的君士坦丁堡、现今的伊斯坦布尔）为希腊语世界保存了那六卷，而其抄本最后也被带到了西欧。正如第六章将进一步讨论的那样，1462年，一位名叫雷格蒙塔努斯的德意志学者在威尼斯见过其中一卷，而且他认为书中包含了欧洲人称之为“代数”的古怪主题的起源。一个世纪后，意大利工程师、代数学家拉斐尔·邦贝利在梵蒂冈研究了《算术》的手稿，接着他把写作自己的代数书的工作停了下来，转而去整理丢番图的问题。第一个印刷本于1575年在巴塞尔出版。这是一个拉丁文译本，由威廉·霍尔茨曼翻译、编辑。霍尔茨曼是一位人文主义学者，他对作品的描述是“无与伦比，并包含着算术真正的完美”。丢番图的问题持续引发那些与之接触的人的兴趣。1621年，克洛德·加斯帕尔·巴谢·德·梅齐里亚在巴黎完成了新版的拉丁文《算术》。费马所拥有并在上面做记录的，正是这个版本。

填补费马与怀尔斯之间的历史空白倒不是太困难。塞缪尔·费马于1670年公开的费马大定理，在17世纪似乎并没有吸引什么人来认真地尝试证明。但在18世纪，它引起了莱昂哈德·欧拉的关注，欧拉是那一时期最有才能且最多产的数学家，他介入了其中一些比较简单的例子。1816年，巴黎科学院为征求该定理的证明设立了一个奖项，这激发了索菲·热尔曼的努力尝试，她在其中某些方面取得了一些进展，而她的工作又由另一些人接手并拓展了下去。此外，这个问题慢慢也广为人知，许多年间吸引了就算没有成千上万也有成百上千人投稿。他们中既有专业人士也有业余爱好者，都声称已经完成了对该定理的证明。其中的大多数尝试都是错误而无用的，但有些尝试本身则推动了重要的数学发现，怀尔斯对此应该有所了解。当他终于着手自己证明的时候，他运用了一些20世纪最深奥的数学原理，也就是至那时为止已知的与费马大定理有关的成果：由两位日本数学家在20世纪50年代提出的谷山-志村猜想，以及由俄国的维克托·科里瓦金与德国的马提亚斯·弗拉赫在20世纪80年代提出的科里瓦金-弗拉赫方法。我们再次注意到，数学家的习惯是将他们前辈的姓名写进历史。我们同时还注意到，单个定理的背后是历史相互影响所构成的复杂网络。

一般说来，越往前回顾，追溯各个“垫脚石”之间的历史情况就越困难，这还不单单是因为许多证据早就被冲走了。但若不尝试，就没有历史，而只有一系列逸事，许多流行的数学史仍然常常以此为基础。

“精英”版本的历史

尽管我们对欧几里得或丢番图的生活几乎一无所知，但还是有几件我们可以肯定的事情：二者都受过良好的教育，并且能自如地用希腊语写作，这是当时地中海东部知识阶层的语言；他们都有机会接触早期的数学著作；两人都能理解、整理并扩展当时的一些前沿数学；他们所涉及的数学没有实用价值，而只是纯粹的智力游戏。即使在像亚历山大这样的城市，从事此类数学工作的人士的数量也从来不可能有多高。实际上，据估计，在通行希腊语的地方任何时候都只有少数几位这样的人士。换句话说，欧几里得与丢番图都属于极少数的数学精英。

只需片刻的回顾便足以说明，与他们涉足的领域相比，数学肯定有更广泛的用处。希腊社会与其他社会一样，有店主、管家、农民及建筑商，还有其他许多人士要从事日常测量与计算。我们对他们的方法几乎一无所知，因为这些人大多会通过示范样板及口口相传的方式来进行学习与教学。他们也没有被组织成学校或行会，尽管我们确实知道一个有名的团体，即“harpēdonaptai”，或者不妨称之为“拉绳定界师”。他们所用的数学自然很少留下痕迹。成堆的标记，或者在木头、石头或沙地上刮刻的记号，一旦没用就会立即被丢弃，而且肯定不会存放在图书馆里。不管怎么说，都是社会地位相对较低的人从事这些行当，而身处学术圈的知识分子对此却少有甚至没有兴趣。

当数学史学家说起“希腊数学”时，就像他们经常做的那样，几乎总是在谈欧几里得、阿基米德、丢番图等人留给我们的复杂的书面文本，而不提及普通民众用于日常或园林的数学。但最近，这种情况已经有所改变。历史学家开始承认，精英式的希腊数学起源于地中海东部日常的实用数学，虽然后来的数学家通过发展一种更为正式而“无用”的数学来同那些起源保持距离。

对于“希腊数学”这一笼统的表述还有些要注意的地方。当时，丢番图住在埃及的亚历山大；阿基米德住在西西里岛的叙拉古；而另一位伟大的“希腊”数学家阿波罗尼乌斯则居住在佩尔加（所在区域现属土耳其）；换句话说，尽管他们都用希腊语写作，但都不是来自我们如今称之为希腊的地方。的确，就我们所知，丢番图可能是非洲人生养的。不过，文艺复兴时期欧洲人高度推崇的“希腊数学”已经被认为本质上是“欧洲的”了。当我们想到大陆另一端的西班牙被排除在欧洲之外时，将亚历山大纳入欧洲的荒谬性就变得更加明显。公元8世纪初，西班牙处在伊斯兰统治之下，因此享有伊斯兰世界丰富的文化与知识。然而，人们经常读到，阿拉伯数字是由13世纪初在意大利比萨进行写作的斐波那契引入欧洲的，好像在此之前阿拉伯数字在西班牙使用了两个世纪之久算不上什么，而且好像西班牙在某种程度上不是欧洲的组成部分。那些促进精英数学事业发展的人，自然倾向于将任何会赋予他们的学科以权威及受人尊敬之地位的内容吸收进其历史之中，而不考虑其他会招致麻烦的事实。

无论数学应用在哪里，我们都有可能找到一些高等级且备受尊敬的从业者，但更多的人名将永远不会被载入任何史册。假如我们重新审视费马时代的情况，那么会发现几乎没什么不同。在他的一生之中，法国的精英式数学活动异常丰富：人们可以想到在巴黎有那么三四位与费马保持联系的人士。粗略地估计，在荷兰和意大利或许也有那么几位，甚至在英国还有一两位，但也就仅此而已。然而，社会等级较低的数学研究活动要比人们所预期的更为普遍。近期检索数字化资料的结果显示，在16世纪与17世纪英国出版的书籍中，有多达四分之一的书籍以这样或那样的方式提到了数学，即使只是顺便提到。此外，面向想获得基本数学技能的商人或手工业者的书籍在稳步增多。

在结束本章之前，就让我们更详细一点地来看看其中的一本：毕竟，没有比考察原始资料更好的方法来探索数学史了。罗伯特·雷科德的《通往知识之路》于1551年在英国出版；费马就在大约五十年后出生。雷科德一生中的大部分时间都是医生。1549年，他被任命为布里斯托尔造币厂的总监，两年后又被任命为爱尔兰银矿的检验官。不幸的是，在此期间他招惹了政敌，最终身陷伦敦的国王监狱，并于1558年在那里去世，享年四十八岁。不过，雷科德大多数的数学著作也正是在这段时间里出版的；如今他因这些著作而被世人所铭记。雷科德在牛津大学和剑桥大学接受教育，能说流利的拉丁语和希腊语，但他做出了大胆的选择，用英语来写数学方面的文章。特别是，他旨在让普通民众也能够使用作为最精英的数学家之一的欧几里得的数学。这并不是件容易的事：一方面，尽管大多数英国工人或许已能熟练地掌握铅垂线和直尺，但他们却从未听说过一个被称作“几何”的正式科目；另一方面，当时英语里根本也没有词汇来表达诸如“平行四边形”或“扇形”之类的专业术语。雷科德凭借想象力和技巧解决了这两个问题。

在冗长的序言中，他从最低下的社会地位开始一路往上，描述了几何对哪些阶层的人来说是“非常必要”的。处于最底层的是在土地上耕作的“无知者”。雷科德解释道，即使是这些人，对几何也有出于本能的掌握。否则他们的沟渠就会坍塌，他们的干草堆也会倾倒。再向上到了生意人阶层，雷科德反倒提供了一份长长的清单，列出了几何对哪些人是不可或缺的，如商人、海员、木匠、雕刻师、细木工、泥瓦匠、画工、裁缝、鞋匠、织布工等，更进一步得出了如下的结论，

> 即手工技艺从来都没有像出彩的几何那样富有机智，且对世人来说又是如此必需。

雷科德尤其认为几何在医学、神学及法律专业中也是必不可少的，尽管他的论点随着其社会地位的攀升变得更加做作且缺乏说服力。

雷科德很能理解普通人的难处，这在他谈到几何本身时表现得最为明显：他的论述是一种良好的教学法模型，用通俗易懂的语言来表达，并配有许多示例和有用的图表。他很早就教授过如

何用欧几里得定义的直尺与圆规构造直角。不过，万一发现这种方法过于困难，那么他还有另一项可供选择的建议：画一条直线，再分别画出3个、4个和5个单位长度，然后用这些长度来构造一个三角形。其短边之间的夹角就是直角。这并非经典的欧几里得式构图方式，对于实际操作者及“拉绳定界师”来说，却是一种实用的方法。

对于21世纪，我们可以做一份比雷科德的更长的清单，来罗列那些日常生活里比如在学校、居家或工作场所中使用数学的人士。我想起了我的母亲艾琳，她在八十九岁时既不相信银行也不相信计算机，而是在精心划分好区隔的笔记本上算着她用于家庭开支的每一个便士。我也想起了我的好友塔季扬娜，她反复跟我说她在学校时数学并不好，但她却创作了设计复杂的拼图（见图1）。她当然可以处理直角三角形。甚至，她对镶嵌式布局及比例的直觉或许让她有资格成为“拉绳定界师”这个群体的现代代表。

“精英”版本的历史中并没有艾琳或塔季扬娜的一席之地：尤其是女性，在被认真对待之前，至少得先将自己提高到索菲·热尔曼的水平。但如果没有在各个层次上从事及教授数学的人，精英人士就无法蓬勃发展。在怀尔斯、费马或丢番图所占据的先驱领域背后，延展着数学活动的广阔腹地，这在一般的数学史中还只有很少的讨论。本书的部分目的就是要恢复这种平衡，为包括孩童在内的所有人找回数学，并从一些新的角度重新审视数学的历史。

图1 《色块画作》,塔季扬娜·特克尔·佩佩作。她自称并不擅长数学

第二章

数学是什么及数学家是什么人？

在上一章中，我设想读者会将“数学”或多或少地看作他们在学校时学习过的那门如此命名的学科，并且把“数学家”视为成年后继续从事这门学科研究的那些人。不过，历史要求我们更仔细地考察这两个概念。我个人的体验是这样：当我还是学校老师的时候，发现自己整个上午都在教授百分比、关于圆的定理以及微分学的课程。我被迫问自己，这种内容上令人难以置信的汇集是如何统一在“数学”这个单一主题之下的。大多数人或许都会同意这样一个笼统的说法，即数学是以空间与数字的性质为基础。但他们又是怎样看待流行的数独游戏呢？这是否是一种数学性质的消遣？我听过专业的数学家就此争论不休，而无论是赞成抑或反对，他们争论得都很激烈。

让我们回到起点。希腊语“mathemata”一词的本义只是“所学到的”，有时是常规的意思，有时更确切地是与天文学、算术或音乐有关。这个希腊语词汇构成了现代英语单词“mathematics”及其他欧洲语言中其同源词的词源（例如法语中的“mathématiques”、德语中的“Mathematik”、意大利语中的“matematica”，或者美国英语中的“math”）。不过，“mathematics”一词的意思，在数个世纪间经由许多变化而出现了偏差和扭曲，这些我们不久就会看到。但这只是从欧洲的视角看待问题。如果我们回溯一千年或两千年，在欧洲文化成为主流之前，我们能否找到与“mathematics”一词对等的汉语、泰米尔语、玛雅语或阿拉伯语词汇？如果能，那么这些词汇又涵盖了哪些著作及活动呢？要想彻底研究这个问题，对一群学者来说将是毕生的工作。但就像在本书其他地方一样，本章中一些案例的研究将用来阐明需要提出的问题以及可能会出现的答案。

追溯“算”字的含义

从中国官修史书对公元前200年之前不久至公元200年（秦汉时期）的记载中，有可能发现二十多人的名字，据说他们在“算”的某些方面已经很熟练。“算”作名词时可以表示一组用木头、金属或象牙制成的短棒，人们在平面上熟练地操作这些短棒来标记计算中的数字。“算”一字也可以表示用短棒进行计算的行为。这便是数学活动的证据，但我们对此还是不太了解，除非我们能发现进行了哪种计算。

就官方记录中提到的许多从业者来说，“算”似乎与被称为“历”的天文或日历系统密切相关。现代社会之前的所有社会都使用太阳、月亮及行星的位置，来为宗教仪式或农作物种植确定适当的时间和日期。所以，那些能够根据天文数据做出正确预测的人对于统治者及政府来说是必不可少的。因此，在早期古代中国的历史中，“算”与“历”时常有着联系。然而，相同的记录也表明,“算”与更多的世俗事务、利润计算以及资源分配有关。

20世纪80年代初人们发现了一份新的原始资料，大约来自公元前200年这一时期，可以进一步说明“算”在当时的使用情况。这份名为《算数书》的文本刻在了一百九十根竹片上。这些竹片每根约三十厘米长，起初是用结绳并排地连在一起，所以可以像垫子一样卷起来。最后的“书”字意为“写就的文本”，有时也指书籍的“书”。中间的“数”字可以概括地解释为“数目”。不过就我们的目的来说，最相关的是“算数”这个词的含义。《算数书》的文本中有约七十个问题，并附带解题的说明。这些问题包括：整数与分数相乘，按照不同贡献者所投入的金额来分享利润，将商品生产中的浪费考虑在内，从给定数量的价格计算总成本，税收的计算，找出混合物中不同成分的数量，将一定数量的原材料转化为若干成品，检查旅途所花的时间，体积与面积的计算以及单位换算等。

因此,《算数书》中的问题很大程度上源自日常活动及交易。这本书的写法非常直接：作者对每个问题设“问”，再给出“答案”以及“解题方法”。以下的示例是第二章中的两个“通关问题”：

> 一只狐狸、一只野猫和一条狗经过关口时，被征收了一百一十一钱的关税。狗对野猫说：“你的毛皮的价值是我的两倍，你应该支付两倍的税金！”而野猫对狐狸也这么说。问：每个角色分别支付多少税金？答案是：狗支付了十五又七分之六钱，野猫付了三十一又七分之五钱，而狐狸

付了六十三又七分之三钱。方法如下：让狐狸所付的税金是野猫的两倍，而野猫支付的又是狗的两倍。这样相加得七个单位，从而有了除数。再用占比分别乘以税金就得到了被除数。这样每次用被除数除以除数就得到一个解。

而更实际的或许是这样一例：

一个人带着脱壳的谷物过三个关口。我们并不清楚有多少谷物。（每个）关口征收三分之一的税。离开关口后，他还剩下一斗的脱壳谷物。问：他动身时带着多少脱壳的谷物？答案是：他带的脱壳谷物有二斗二升又四分之二升。方法如下：从一斗脱壳谷物开始，经三次翻倍就得到了除数。再从一斗开始，先三倍，再三倍，接着乘以通关次数即可获得被除数。

这些答案都正确，但对“方法”的描述不大好懂，很可能是需要通过口头解释来加以补充。说明也仅是对所述问题中的特定数字而给出的，不过训练有素的读者可以将其应用于任何类似的问题。所以从这个意义上讲，那些说明提供了一种通用的技术。然而，这本书没有期望读者去理解方法背后的推理过程，而只是希望读者能应用方法。

类似的以及其他的问题出现在一份稍晚的文本中，即《九章算术》。这是分九个部分来讨论“算术”的著作，因此通常被称为

《九章》。正史表明，这份文本在公元2世纪初就得到使用了。不过，与大约三四个世纪之前欧几里得的《几何原本》一样，我们既没有与《九章》作者或编写相关的信息，也没有原始文本。我们今天唯一能看到的是刘徽在公元263年编撰的版本。在《算数书》的内容于2000年得以誊抄并出版之前，《九章》一直是最早的专门研究"算"的广泛文本。因此，《算数书》的发现不仅使重要的文本比较成为可能，而且还为历史学家提供了一份更深入的信息，来了解早期古代中国"算"的使用情况。

即使从以上的简述中也可以清楚地看到，"算"字与我们用"数学"（mathematics）一词所能得到的任何重要主题无关。相反，该字是指可以在多种情况下使用的技术与技巧，从日常应用到朝廷所需的天文演算的"历"，再到更平常的"算数"。现在转向拉丁西方，我们能找到与"数学"一词相关的一系列类似的实践活动吗？

追溯"数学"一词的含义

大约在公元100年，罗马作家尼科马库斯列出了涉及数量多少与规模大小的四个学科：算术、音乐、几何以及天文学。对他来说，算术是关于数量多少（或数字）的研究，而几何是对规模大小的研究，二者是最基本的；音乐是关于彼此间数量多少的科学，天文学则处理运动中的规模大小。四个世纪后，哲学家波伊提乌将这些学科统称为"四艺"。它们连同语法、逻辑和修辞学这"三艺"一道，构成了中世纪学术课程的七门人文学科。波伊提乌自己则撰写了算术及音乐方面的专著，整个中世纪欧洲的大学都在研究这些论述。一些关于几何的著作也归在他的名下，但真正的原著者却并不确定：波伊提乌和毕达哥拉斯一样成了一个神话般的人物，而以后的工作都可以顺当地归功于他。

算术与几何至今仍处于数学的核心（我们或许还记得艾琳和塔季扬娜也曾实践过），而天文学和音乐现在已走上各自的发展道路。分道扬镳发生在17世纪。当时，在数学理论与音乐实践之间进行调和变得越发困难；而天文学则努力摆脱与占星术的长期关联，依托自身成了受人尊崇的学科。

无论如何，到了文艺复兴时期，尼科马库斯划分的“四艺”范围开始显得过于狭窄，无法涵盖随着财富、商贸及旅行的迅速增长而出现的众多新的数学活动。约翰·迪伊在1570年的首个英译版欧几里得《几何原本》的序言中列出了一份数学门类与科学的“基础框架”或蓝图（见图2）。算术与几何仍然是其中关键的组成部分；不过到目前为止，用来回答“多远”、“多高或多深”以及“多宽”的几何学已经产生了“地理学”、“生物地理学”、“水文学”以及一个名为“战略数量学”的门类。此外还有一份长长的名录，列出了被认为是算术与几何的“衍生”学科，其中就包括“天文学”和“音乐”。现代的读者对“透视”、“宇宙结构学”、“占星术”、“静力学”、“建筑学”及“航海”等词汇的含义还有所了解，但可能会对“人类学”、“气动学”、“科学观察学”以及其他几个不常见的门类感到困惑，就像那时的读者对此或许已经感到了困惑那样。确实，晦涩难懂的主题以及小标题和子标题下的整

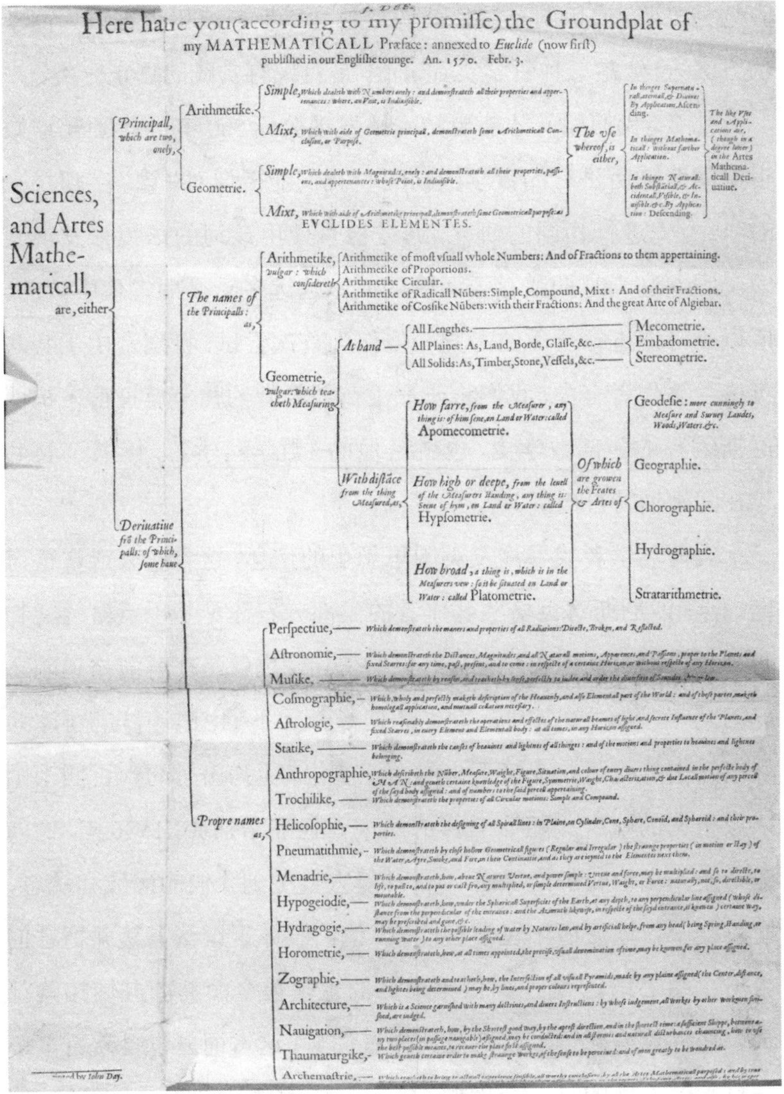

图2　约翰·迪伊在其《几何原本》的序言中列出的一份“基础框架”，1570年

齐划分表明，迪伊的系统化就像尼科马库斯或波伊提乌更为简单的方案一样，是一种哲学实践，而不是对现有实践的真正分类。

那么，我们如何才能更精确地发现公元500年至1500年这数世纪间西欧所进行的数学活动呢？我们能否像对“算”字那样来对“数学”进行相同的研究，通过检查使用该词的语境来发现其含义呢？这一时期留存于西欧的文本远远多于早期古代中国的，所以不可能进行全面的考查。但作为首次尝试，特别是由于其与英格兰著作者有关，我们将研究由荷兰学者约翰·赫拉德·福西厄斯编写的一部数学史，也就是他的《数学科学》。该书于1649年在阿姆斯特丹出版。

向荷兰学者找寻涉及英国思想史的信息，这看起来或许很奇怪，但福西厄斯对英格兰著作者的大部分叙述是基于英格兰文物研究者约翰·利兰的早期工作。1533年，也就是在解散修道院之前的几年，利兰受亨利八世委托搜寻其治下的图书馆与学府，并列出其中的收藏。在接下来的两三年中，他列出了约一百四十个宗教机构的财产。随后书籍的流失让他非常痛心，1536年，他向托马斯·克伦威尔抱怨道：“日耳曼人察觉到我们的懒散和疏忽，便日复一日地派遣年轻学者前来，他们破坏了馆藏书籍并把它们带出了图书馆。”利兰提供了最后的也是最全面的图书馆馆藏记录。他打算编纂一本英格兰著作者词典，这本词典包含六百多个条目。但不幸的是，在词典完成之前他就精神失常了。不过，他卓越的工作得到了其他历史学家的认可，后来包括福西厄斯在内的许多作家都直接或间接地借鉴了他的发现。

福西厄斯提到的最早的英格兰作家是贝德，他对公元730年前后这一时期进行了记述，被列在“天文学”和“算术”的类别下。贝德在英格兰东北部贾罗的修道院里度过了他一生中的大部分时光，他以评点《圣经》以及在教会中研究历史而闻名，但现在很少有人把他看作天文学家。然而，归在他名下的那些著作却叙述了在月球之上及月球的周期、复活节的日期、行星和黄道十二宫、星盘的使用以及春分的计算。其中一些著作可能被后来的评论者错误地归在了贝德的名下；不过，贝德显然非常关心复活节在哪一天，这个日子对基督徒来说至关重要，就像准确的冬至日期对于古代中国皇帝的那种重要性一样。这个计算同样不容易：复活节必定是春分之后的一轮满月后的第一个星期日，因此要正确计算该日期就需要了解月球与太阳的周期，而两者之间并不自然相关。在英格兰北部、爱尔兰及罗马存在着两种基督教传统，这导致日期上的冲突，而这种情况最终于公元664年在惠特比会议上得以解决。贝德本人可能没有进行必要的计算，但他知道有什么风险。

最终，与教会计时相关的运算以“计算”之名而为人所知，并且在整个中世纪时期仍然至关重要。

继贝德与他的追随者阿尔库因之后，四个多世纪中再也没有英格兰人的名字出现在福西厄斯的记述中，直到我们遇见1130年前后来自巴斯的阿德拉德。阿德拉德似乎曾经在法兰西、西西里岛及叙利亚旅行。他是最早将欧几里得《几何原本》的若干部分从阿拉伯语译成拉丁文的译者之一，而且据说他也曾在星盘上写作。

仅仅在13世纪和14世纪，诸多人名（及推定的年代）才开始以越来越高的频率出现，且全都归在“天文学”或“占星术”的名下：约翰·萨克罗博斯科（1230），他关于地球及它在宇宙中地位的著作在长达四个世纪的时间里一直是大学课程的重要组成部分；罗杰·培根（1255），被描述为一位占星学家；沃尔特·奥丁顿（1280），据说写过关于行星运动的文章；来自北安普敦的罗伯特·霍尔科特（1340），据说写过星体运动；约翰·伊斯特伍德（1347），占星学家；尼古拉斯·林恩（1355），占星学家；约翰·基林沃斯（1360），天文学家；西蒙·布雷登（1386），据说写过关于医学、占星术及天文学的文章；约翰·萨默（1390），占星学家；等等。接着在15世纪，这些名字又开始淡出历史。显然，14世纪是天文与占星研究的高峰，一个促成因素可能是1348年“黑死病”所造成的可怕打击。上述那些人中有许多都属于某个宗教团体，比如（天主教）方济各会、多明我会或加尔默罗会。许多人还与牛津大学特别是同墨顿学院有关联，而直到今天他们的一些著作仍被安全地保存在牛津大学图书馆。他们都一而再，再而三地跨越了天文学与占星术之间游移不定的界限。

与这份天文学家名录不同，没有任何英格兰著作者出现在福西厄斯有关音乐、光学、大地测量学、宇宙学、年代学或力学的章节中，只有蒂尔伯里的杰尔斯和罗杰·培根作为地图制作师在地理学章节被提及。因此，从16世纪的视角回顾中世纪英格兰的数学著作，占主导地位的主题是计算与占星术。

然而对于欧洲其他地区，情况或许会有所不同。比如在位于地中海西部心脏地带的意大利，其贸易情况比在北欧更加广泛和复杂。13世纪时，建成了算盘学校来训练男孩子们学习商用算术，甚至还有些初步代数（求解某些基本方程）。开创性的文本则是比萨的莱昂纳多所著的《计算之书》，而他后来也以"斐波那契"闻名于世。《计算之书》里有数百道营商方面的问题。其中两例如下：

> 四名男子合伙经营，其中第一个人投资了总额的三分之一，第二个人投资了四分之一，第三个人投资了五分之一，第四个人真就投资了六分之一，他们的总利润为六十索尔第；求每人持有多少。这个问题的确与下述题例相同，即四个人以六十索尔第的价格购买一头猪，其中第一个人希望拥有这头猪的三分之一，第二个人希望拥有四分之一，第三个人希望拥有五分之一，而第四个人希望拥有六分之一……

莱昂纳多本人已经点出了这一问题的两个版本。从数学上讲，它也等同于《算数书》中那道狐狸、狗与野猫通关的问题。下一个问题则反映了当时意大利所关心的事情，并且是数百种涉及货币兑换或材料转换问题中的典型题例。同时，它表明在丢番图之后约十个世纪，另一种算术仍在亚历山大城蓬勃发展。

> 在亚历山大，十一卷热那亚布料值十七克拉；那么九卷佛罗伦萨布料值多少钱呢？因为十一卷和九卷不是同一个重量数值，所以你得用十一卷热那亚布料来求佛罗伦萨布料的价值，或者用九卷佛罗伦萨布料来求热那亚布料的价值，

以便两者要么是佛罗伦萨的，要么是热那亚的。但由于你很容易就能求得佛罗伦萨布料，而每一卷热那亚布料对应二又六分之一卷佛罗伦萨布料，那你会用这个比率乘以热那亚布料的卷数，就得到二十三又六分之五卷佛罗伦萨布料……

对于他们的学问来说，福西厄斯和他在北欧的信息来源从未见过《计算之书》；福西厄斯只是通过传闻知道有这么一本书，而且还把书的年代弄错了两个世纪。由此可见，当时数学领域的活动可能在很大程度上受到地域限制。

这也跟时间有关。中世纪时期，大多数后来由迪伊和福西厄斯所发明的主题类别在很大程度上都已是多余的，至少对英格兰来说是这样。至16世纪末，随着整个不列颠都进入更广阔的世界，情况便不再如此。在1600年前后从事研究的托马斯·哈里奥特留下了涉及光学、弹道学、炼金术、代数、几何、航海与天文学等领域的著作。在此期间，与他同时代的西蒙·史蒂文在荷兰发表了类似的文章，只是航海由（对他来说）更相关的锁具和水闸问题所代替。计算与占星术已经让位于一种新兴世界秩序下的数学活动。

数学是什么？

如果确实有数学这样的存在，那么历史上的数学又是什么呢？现在应该很清楚，数学活动已经有了多种形式，但它们只是由于需要某种度量或计算的事实而被松散地联系在一起。一个更精确的答案在很大程度上必然取决于时间和地点。目前有一些共同的脉络：所有组织有序的社会都需要规范贸易活动并校准计时，这大致说来分别是早期古代中国算数与算历或者是13世纪的欧洲算盘和计算的目标。然而，各种技术的实践者们可能有着非常不同的社会地位。算数与算盘的教学是面向商人或官员的，而算历或计算则是中国高等级专门人士以及中世纪欧洲僧侣和学者的领域。“高级的”数学通常需要一定程度的抽象思维。数百年间，不同背景下，在受过充分教育而从事这种数学的人士和使用“一般”或“市井”数学的商人或匠人之间，反复出现了地位与受尊重程度的分离。

随着社会变得越来越复杂，对数学的要求也越来越高。迪伊所列出的一长串科目，即便有些多余，也表明有大量活动都运用了数学的专业知识。这些主题统称为“混合数学”，这表明数学是各个科目不可或缺的一部分（这与后来“应用数学”的概念还不大一样，后者使用数学来分析自身以外的主题）。

没有理由认为，从早期古代中国及中世纪欧洲所吸取的教训不会扩展到其他社会：没有某种单一的知识体系可以让我们方便地称之为“数学”，但我们可以确定许多数学学科和数学活动；而哪些特定的学科和活动被认为是最有意义或最负盛名的，则总是时间和地点方面的问题。

数学家是什么人？

既然我们已经开始确定构成数学的那些活动的范围，那么我们可以说谁算或不算数学家吗？毕达哥拉斯、丢番图、费马和怀尔斯，这四位通常都被描述为数学家。前三位虽已作古，他们的姓名却被收入一套标准的参考书《数学家传记词典》。然而，这三位中没有谁会认出赋予他们的这项标签。我们根本不知道毕达哥拉斯会如何描述自己。丢番图或许会认为自己是位算术学家，即并非算术或算盘这类日常运算而是“高级算术”的实践者，后者研究的是自然数某些较为晦涩与难于理解的特性。另一方面，费马可能会自称为几何学家，当时几何是四艺中最具权威且最受人尊敬的分支。这在法国直到19世纪仍然是对致力于学术的数学家的标准描述。这四人当中，我认为，只有怀尔斯会毫无保留地自称是数学家。

如今，数学学科受到高度尊重，甚至备受尊崇。但从本章已经谈到的内容可以很容易地看出为什么情况并非总是如此。12世纪，索尔兹伯里的约翰声称，数学的实践，即由恒星与行星的位置预言未来，源自世人与恶魔之间的宿命纠葛，就像手相术（解读掌纹）那样；而占卜（解释鸟类的飞行）则是邪恶的源头。1570年，医生及文艺复兴时期最重要的代数学著作之一的作者吉罗拉莫·卡尔达诺因推测耶稣基督的星象运势而入狱。1605年，托马斯·哈里奥特因与“火药阴谋”实施者有联络这一罪名而被捕。相比于案情本身，他更多是因为把詹姆斯一世的星象运势钉在自家墙上这件事而受审。而在17世纪末，约翰·奥布里写到那位乡村牧师、数学教师威廉·奥特雷德时说：“乡下人都确信他会召唤魔法。”在前现代的欧洲，“数学”的实践对实践者及其设想的科目来说并非没有危险。

事实上，从1570年起"数学家"一词才开始在英语的数学著作中频繁出现。最初，这个词汇主要用在外国作者身上；但后来很奇怪地在两种毫不相干的语境中用于枪炮手或占星学家。1660年王朝复辟后，该词逐渐被更广泛地用于算术或几何学的作者，不过对占星学家仍然适用。同时，"数学"的预言成为讽刺与嘲笑的常规主题。数学与占星术长期且持久的联系有助于解释为什么学者们宁愿避免使用该术语。当亨利·萨维尔于1619年在牛津大学设立两个数学教席时，它们分属几何学和天文学，且有着严格的指导方针，即后者不应包括国运占星术。时至今日，剑桥大学仍然有一位卢卡斯数学教授，而在牛津大学地位相当的则是萨维尔几何学教授。而且，除非我们认为数学同预言及其影响的关联只是一个发生在欧洲的现象，否则值得记住的是，现代汉语中代表"mathematics"一词的术语"数学"，传统上是指占卜背景下的数字研究。

简而言之，正如我们现在所理解的那样，"数学家"一词是现代欧洲的发明。在数学活动的漫长历史中，有数学家的时间非常短。而假如我们想恰当地欣赏数学史，重要的就是不要将他们的形象投射回历史。因此，历史学家倾向于使用更精确的描述，例如"抄录员"、"宇宙学家"或"代数学家"，或者像"数学从业者"这样更通用的表述。有件事可以肯定：数学的历史不是数学家的历史。

第三章

数学思想是如何传播的?

上一章中我们对不同时间和地点的数学活动进行了广泛的调查。这是研究数学史的一种方法,即确定人们的实际行为。然而,历史学家总是想问更多的问题:不光是人们曾经知道什么,还有他们彼此之间以及与后人之间是如何进行交流的。数学思想如何从一个人传给另一个人,怎样从一种文化传播到另一种文化,或是如何从一代传承给下一代?(回想一下在第一章中首先提出的那些问题:费马是如何知道丢番图,或者怀尔斯又是如何知道费马的?)

这些问题延伸下去,便是要问历史学家自己是如何了解历史中的数学的:我们有哪些原始资料,这些资料是怎么流传到我们手中的,它们的可信度如何,而我们可以怎么来学着阅读这些资料?本章将探讨数学思想在某些时候跨越漫长时空的方式又为何在另一些时候无法做到这一点。

脆弱、稀缺且晦涩的原始资料

早在一千多年前,埃及和现今伊拉克地域内的人们就已经进行了复杂的数学实践。那些自信数学是始于毕达哥拉斯的人,现在可能会因为这个发现而感到轻微的眩晕。公元前两千纪和公元前一千纪的埃及文明和巴比伦文明彼此间相对接近，不过，我们对后者数学知识的了解要多过对前者的。原因很简单，底格里斯河与幼发拉底河沿岸用作书写材料的黏土板坚固耐用，而尼罗河地区用纸莎草制成的纸张却不然。人们从伊拉克挖掘出了数以千计的黏土板，其中许多带有数学方面的内容。或许还有数以千计的黏土板仍然埋在地下，假如它们没被坦克履带压碎或者没有在最近的战乱后被洗劫一空的话。另一方面，就埃及来说，用三只手的手指就可以数出尚存于今的数学文本与碎片的数量，而且它们散布在一千多年的历史长河中。英国的情况也一样，或许仅存“诺曼征服”前后以及19世纪时期的些许文本。显然，现今尚存的埃及文献仅仅提供了微乎其微的深入探究空间，但同时却为埃及数学活动的相关推测和幻想留下了充分的空间。

在印度、东南亚和南美，情况与在埃及大致相同：气候迅速破坏了诸如木材、皮肤或骨头之类取自天然的书写材料，以至于历史学家不得不竭尽所能，从为数不多且保存也不好的文本中了解信息。显然，文献的匮乏使我们对历史的印象失真了。我们必须确认，遗存至今的物品是否代表了已经逝去的东西。要知道，一个新发现（比如中国的《算数书》）就可以从根本上改变我们对整个数学文化的认识。不过，文本的缺失或许有些好处，因为这迫使历史学家加大对原始资料的搜集。例如，行政记录可以揭示日常生活中进行的计数与测算。考古证据加强了我们对如何规划并建造建筑物，为此又必须进行哪些计算的了解（因为我们没有直接证据表明，巨石阵或金字塔的建造过程涉及计算）。图片、故事或诗歌等各种原始资料也可能包含同一时代数学知识的线索。

许多古老的文本是用现今已不复存在的字母和语言写成的，翻译这些文本过程充满困难。拥有必要的语言技能并勇于接触数学材料的学者确实依然很少；他们的任务却极其微妙。任何将一种语言转成另一种语言的翻译都可能破坏源语言的实质，而数学翻译带来了进一步的困难，即如何让现代观众理解另一种文化的技术概念。比如下面一段文字，摘自公元628年印度的《婆罗摩历算书》，普通读者对此可以得出些什么呢：

> 山高乘以给定的乘数便是至城市的距离；这个距离不会被擦除。用所得距离除以增加两个单位后的新乘数，便是其中一人跳起的高度。前提是两人完成了一样的行程。

为理解这个问题，读者需要知道，一个旅行者从山上下来，沿着平原步行到城市；而另一个旅行者则不可思议地从山顶跳到更高的垂直高度，然后沿着斜边飞行相同的距离。对当时的学生来说，这或许是标准问题之一（该问题的另一个版本是猴子上树），并且有可能通过口头解释加以阐明。但对21世纪的读者来说，不懂梵语或7世纪印度数学的惯例，乍一眼看到这个问题时就会感到困惑。

因此，原始文本的字面翻译不大可能向非专业人士传递太多内容。解决该问题的一种古老方法是译者（或抄录员）添加注释或解说图表：所有重要的数学文本都以这种方式积累了大量评注；另一种方法是将文本转换为现代的数学符号。想试着解决两位高山旅行者问题的读者，或许会发现这样一来会使解题变得更加明晰。作为一种初步方式，使用现代代数符号可以帮助理解历史上的数学；不过，绝对不应将其误认为是原作者“真正”试图去做的事情，或是他若具有受过良好现代教育的优势就会完成的事情。这样的现代化处理，在最好的情况下仅仅掩盖了原来的方法，而在最坏的情况下则可能导致严重的误解。

比如，现今尚存的公元前2世纪的埃及文本是用僧侣书体写成的。这是一种可以连笔的手写书体，自公元前2000年起便取代了日常使用的象形文字。20世纪初期，这些文本被译成了英文或德文。多年来，这些翻译仍然是标准译本。然而不幸的是，文本内容不仅被译成了现代的语言，而且还被译成了现代的数学语言。比如经常有人说，埃及人过去使用3.16这个值来表示我们如今使用的“π”，也就是通过圆半径的平方给出圆面积的那个乘积因子（用现代的公式可以写成$A = \pi r^2$）。我们在核查这一说法所对应的文本时，却发现埃及人根本不指望读者用任何数字去乘半径的平方。相反，他们指导读者将直径减小九分之一后再平方以求圆面积。用铅笔在纸上简单算一下便可看出，这种方法给出的圆面积是半径平方的$\frac{256}{81}$倍，由此得出了神奇的数值$\frac{256}{81} = 3.16$……不过，“相减再平方”与“平方再乘积”并不一样，即便前者给出了几乎相同的答案，其过程却完全不同，而过程恰恰是历史学家想要理解早期文化的数学思想时需要关注的问题。

翻译巴比伦文本的故事与此类似。这里涉及的语言是苏美尔语和阿卡德语，前者与任何现存的语言都没有关系，后者则是阿拉伯语与希伯来语的前身；涉及的书体是楔形文字，由削尖的芦苇秆刻在湿润的黏土上写成。20世纪30年代，奥托·诺伊格鲍尔以及弗朗索瓦·蒂罗-丹然翻译并出版了大量数学文本，此后很多年，这项工作一直被认为差不多已经完成了。不过，这些早期的翻译常常将美索不达米亚的计算技术转变为现代代数的等效形式，从而掩盖了原抄录员实际上正在思考以及正在做的事情的真实本质，同时也使计算看起来相当简单。20世纪90年代以来，许多黏土字板才被重新翻译，原始语言也愈加被重视。比如，字面意思是“分成两半”或“附加”这样的词汇传递了物理动作，这些行为信息在诸如“除以2”或“加”这样的抽象翻译中就完全丢失了，而这些词汇使我们可以更好地了解当时理解或教授问题的方式。

阅读并翻译文本只是研究古代数学史的史学家们的一部分工作，尽管是很重要的一项。另一项工作则是在这些文章本身的语境中阐释那些内容。有时这根本不可能：在19世纪发掘或重新发现的许多中东文本，包括几乎所有现存的埃及僧侣书体文本以及数百种古巴比伦楔形文字泥板，都在没有已知出处的古董旧物市场上易手。不幸的是，许多遭抢劫或被偷盗的器物在今天仍然以这种方式进行买卖。

随着我们从古代世界过渡到中世纪，数学文本在脆弱性和稀缺性方面也有了改善，但程度轻微。即便是被慎重保存在图书馆中的文档也不总是安全的。关于冲突时期亚历山大图书馆的毁灭有各种各样的说法，现在还无法证实。当然，它本来就很容易着火，就像任何藏有书籍或手稿的前现代图书馆那样。如今，牛津大学博德利图书馆的读者依然需要宣誓，承诺“不得将任何明火或火源带进图书馆，或在图书馆中点燃，并且不在馆内吸烟”。这是对那段岁月的一个提醒，即这样的举动被证明对人和书籍都是致命的。

我们已经看到约翰·利兰为了记录修道院所属图书馆的图书名录所做的努力，但是当那些图书馆最终遭到破坏而其馆藏流失时，他连馆藏本身的一小部分也无法保存。此外还有其他风险：16世纪，牛津大学墨顿学院在对印刷文本进行现代化处理的同时丢弃了大量手抄本图书。尽管机敏的收藏家们救出了其中一些，但肯定有很多都下落不明。而在1685年，约翰·沃利斯像一个多世纪前的利兰一样，痛苦地抱怨贵重书稿的失窃：他写道，牛津大学基督圣体学院的一部手稿中有两份12世纪的序言“最近（不知被什么人）撕下来，然后带走了”。他希望“不管是谁拿走了序言，都能以某种方式或途径行行好把缺页还回来”，但他的希望却是徒劳：序言仍然不知去向。

私人收藏的纸本同样很脆弱：1644年，约翰·佩尔正担心着不久前刚去世的好友沃尔特·沃纳的数学论文。佩尔写道：

> 沃纳先生的论文中也有不少是我的工作。我很担心他

所有的论文都会被收缴，然后以跟数学完全无关的方式被扣押人和债权人瓜分。这些人毫无疑问决心要在他们一生中充当一回占星家，并投票把那些文稿都付之一炬。

同手稿一样，印刷书籍也容易受到火灾、洪水、昆虫甚至人为疏忽的影响。但由于其印刷数量更多，从而更有可能流传于世。不过，传到我们手中的那些不太可能是曾经存世的印本。某位绅士个人藏书中的一卷昂贵图书要比某个生意人常常翻阅的简明计算手册更有可能保存下来，但至于过去人们实际阅读并用到了哪些内容，这类书籍能告诉我们的却并不多。

构建对历史的真实了解，往往像是在试着拼出一幅拼图，其中大部分碎片都丢失了，而盒面上也没有图片。尽管如此，令人惊奇的是，我们的确拥有存续达数百年甚至数千年的数学著作。其内容在很大程度上纯粹只具历史意义：如今没人能用埃及的分数进行计算，除非作为一种学院派训练；而巴比伦六十进制系统的唯一痕迹，是我们原本就好奇的那种将一小时分为六十分钟，将圆分为三百六十度的划分形式。不过，其他文本经由人们不断地使用和翻译，仍然富有生气，有时甚至可以追溯出一条从过去到现在几乎连续的流传脉络。公认的个例必定是欧几里得的《几何原本》，这份文本已经不止一次被提及，没有它就不可能有完整的数学史。一项有时被称为《几何原本》“传播史”的研究告诉我们许多关于过去的数学思想是如何得以保存、修正并传承的情况。

跨越时间的保存

以上谈到了出自埃及的原始资料的脆弱程度，而同样写在莎草纸上来自古代希腊语世界的文本也是一样的状况。从同时代的引用文本和欧几里得的另一些作品来看，我们估计他的写作年代是在公元前250年左右。但《几何原本》迄今最早的存世文本出自公元888年。这反映出反反复复的抄写持续了一千多年，并且连同所有错误、修正以及“改进”在内。那怎么才能知道我们现今掌握的文本无论在哪个方面都忠实于原始文本呢？答案是，我们根本无从知晓。就《几何原本》来说，我们拥有大量对此书的评论，它们出自此后的希腊作家帕普斯（公元320年）、赛翁（公元380年）和普罗克洛斯（公元450年）等人之手，这些评论告诉我们公元前4世纪或公元前5世纪时文本是如何出现的。这些人比我们更接近欧几里得的时代，但他们距离《几何原本》首次面世的时间也有几个世纪之久。另外，历史学家唯一能接近原始文本的方式，是通过观察比如从一个文本到另一个文本有哪些地方照搬了错误或改动，从而构造存世文稿的“系谱”。他们希望以此方式来回溯出一份“原本”；但这项工作很艰辛，并且对于是否能追溯到一份真实而又唯一的原始材料也没有保证。

《几何原本》最早的存世手稿出自公元888年，是用希腊语写就的，保存于拜占庭。不过，随着伊斯兰教传入地中海通行希腊语的古老地区，该文本也被译成了阿拉伯语。通过与数世纪后罗伯特·雷科德的翻译任务进行比较，人们可以想象早期的伊斯兰译者们可能遇到的困难：作为游牧族群语言的阿拉伯语不大可能包含欧几里得几何抽象概念的现成词汇。尽管如此，阿拉伯语译者却使许多文本免于灭绝。

因此，大多数中世纪的《几何原本》拉丁文译本都是从西班牙或西西里岛的阿拉伯语母本而非希腊语（当时在西欧几乎已经消亡）译成的。我们在上一章中提到的来自巴斯的阿德拉德，便是这样一位译者。12世纪时还有其他几位来自北欧的译者，他们作为学者前往南方游历，访求当地的学问。最终，随着对希腊语的了解逐渐恢复，直接从希腊文母本进行翻译的译本也出现了。

（欧洲）印刷术在15世纪得到应用，欧几里得的《几何原本》终于得以为后世保全下来。它是首批印刷的数学书籍之一，1482年推出的精美版本延续了手稿的制作传统：没有标题页（因为手稿作者习惯在文本的结尾而不是在开头署名），而且还有精美绘制的装饰图案（见图3）。

16世纪，《几何原本》的印刷本在短时间内大量出现，首先是拉丁文和希腊文译本，之后是若干种各地语言的版本。罗伯特·雷科德于1551年在《通往知识之路》一书中收录了《几何原本》前四卷中的大部分内容，然后又于1557年在其最后一部出版物《砺智石》里收录了后几卷中其他一些更难的内容。《几何原本》的第一个完整英译本是由亨利·比林斯利于1570年以奢华本形式出版的：该版包含了迪伊的“基础框架”，也是已知最早在标题页上写明“mathematician”一词的英语文本。

在接下来的四个世纪中，随着编辑人员不断适应时代变化的

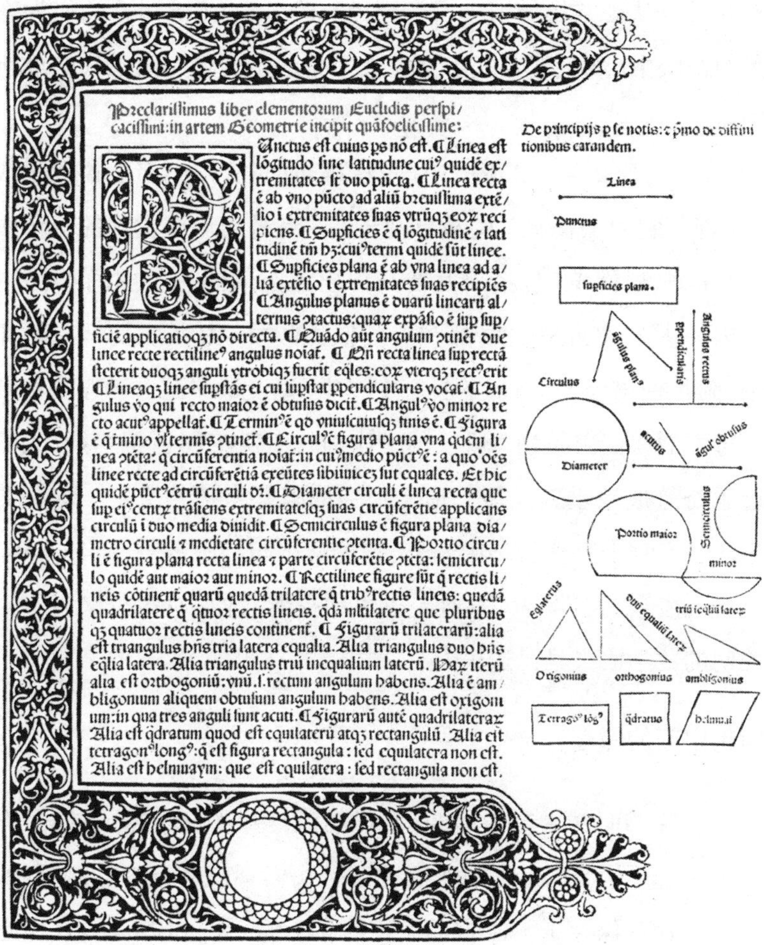
Preclarissimus liber elementorum Euclidis perspi/
cacissimi: in artem Geometrie incipit quã foelicissime:

Punctus est cuius ps nõ est. Linea est lõgitudo sine latitudine cui⁹ quidẽ extremitates sũt duo pũcta. Linea recta ẽ ab vno pũcto ad aliũ breuissima extẽsio i extremitates suas vtrũq3 eoꝝ recipiens. Superficies ẽ q̃ lõgitudinẽ ⁊ latitudinẽ tm̃ hz: cui⁹ termi quidẽ sũt linee. Superficies plana ẽ ab vna linea ad aliã extẽsio i extremitates suas recipiẽs. Angulus planus ẽ duarũ linearũ alternus ꝯtactus: quaꝝ expãsio ẽ sup superficiẽ applicatioq3 nõ directa. Quãdo aũt angulum ꝯtinẽt due linee recte rectiline⁹ angulus noiat. Qñ recta linea sup rectã steterit duoq3 anguli vtrobiq3 fuerit eqles: eoꝝ vterq3 rect⁹ erit. Lineaq3 linee supstãs ei cui supstat ppendicularis vocat. Angulus vo qui recto maior ẽ obtusus dicit. Angul⁹ vo minor recto acut⁹ appellat. Termin⁹ ẽ qd vniuscuiusq3 finis ẽ. Figura ẽ q̃ tmino vl termis ꝯtinet. Circul⁹ ẽ figura plana vna qdem linea ꝯtẽta: q̃ circũferentia noiat: in cui⁹ medio pũct⁹ ẽ: a quo oẽs linee recte ad circũferẽtiã exeũtes sibiinuicez sut equales. Et hic quidẽ pũct⁹ cẽtrũ circuli dr. Diameter circuli ẽ linea recta que sup ei⁹ centꝝ trãsiens extremitatesq3 suas circũferẽtie applicans circulũ i duo media diuidit. Semicirculus ẽ figura plana diametro circuli ⁊ medietate circũferentie ꝯtenta. Portio circuli ẽ figura plana recta linea ⁊ parte circũferẽtie ꝯtẽta: semicirculo quidẽ aut maior aut minor. Rectilinee figure sũt q̃ rectis lineis cõtinent quarũ quedã trilatere q̃ trib⁹ rectis lineis: quedã quadrilatere q̃ q̃tuor rectis lineis. qdã mltilatere que pluribus q3 quatuor rectis lineis continent. Figurarũ trilaterarũ: alia est triangulus hñs tria latera equalia. Alia triangulus duo hñs eqlia latera. Alia triangulus triũ inequalium laterũ. Haꝝ iterũ alia est orthogoniũ: vnũ .s. rectum angulum habens. Alia ẽ ambligonium aliquem obtusum angulum habens. Alia est oxigonium: in qua tres anguli sunt acuti. Figurarũ autẽ quadrilateraꝝ Alia est q̃dratum quod est equilaterũ atq3 rectangulũ. Alia est tetragon⁹ long⁹: q̃ est figura rectangula: sed equilatera non est. Alia est helmuaym: que est equilatera: sed rectangula non est.

图3　首印版欧几里得《几何原本》的第1页，1482年

需求，出现了更多的翻译和版本。至20世纪中叶，《几何原本》终于不再是学校里的一门课程（尽管其内容依旧在课程中存在：小学生仍旧要学习构造三角形以及对角进行二等分）。但是，这本

书并没有从公共领域消失。在翻译与改编《几何原本》的极为悠久的传统中，现代交互式的网页版本是适用于每一新生代的最新创新。

《几何原本》在其影响范围及流传时间两方面都是独一无二的；而与它的保存有关的故事则是许多其他希腊语文本的流传故事中的典型代表，包括启发费马提出大定理的丢番图的《算术》在内。大多数古典文本都有着类似的故事，内容涉及早期的评论、阿拉伯语译本、之后的拉丁文译本，以及最终源自幸存的希腊语母本的印刷出版物。唯一的一次例外出现在20世纪初期，人们近乎奇迹般地重新发现了原本遗失的阿基米德的文本。这些文本在一本拜占庭祷告书中，被之后的文字与绘画覆盖，隐约难辨。这样的发现极为罕见，并且足以再次提醒我们，有多少来自不同文明的数学成果早已遗失。

跨越空间的保存

尽管书面文本比较脆弱，数学的流传却不仅跨越了时间，有时也跨越了空间，有时则兼而有之。我们不妨从一个谜题开始。大英博物馆保存了一块古巴比伦的黏土板（编号BM 13901），上面有一个问题的开头是这样的：

我把正方形的面积与边长相加，使和为0; 45。

用本章前面提醒过的那种技术，让我们恰当地引入代数符号来看看问题所在。假如我们令正方形的边长为s，那么其面积便是s^2。数字0; 45是一种现代转写，我们可以将其解释为45/60或3/4。因此，上面那个陈述用现代术语就可以写成等式$s^2 + s = 3/4$。巴比伦用于求正方形边长的技术涉及对几何形状进行切割并重新排列；对于训练有素的从业人员，可以将其归纳为一系列简短的说明，一种可以确保给出答案的秘诀。

现在，让我们考察下面这个问题。它出自一篇主题为“还原与平衡”的文本，由巴格达的花剌子米在公元825年前后撰写。

> 1个正方形加21个单位长度等于10个根。

这里的“根”是指给定正方形的平方根。因此，我们如果再一次使用现代符号，那么就会发现问题可以写成$s^2 + 21 = 10s$。换句话说，这与两千五百多年前被记录下来的那道古巴比伦问题密切相关。此外，花剌子米给出了一个非常相似的方法来求解。他的著作影响极大，以至于今天“代数”这门学科的名称就来源于他。

同样的问题和同样的解答，数百年后再次出现在世界的同一地区。这是巧合吗？没有任何证据可以表明其在这么长时间跨度上的连续性，就像我们对欧几里得《几何原本》所掌握的那样；当然，在古代伊拉克或伊斯兰化的伊拉克境内也没有相关证据。不过，我们确实有证据表明思想从晚期的巴比伦文明传播到印度，而数学后来又从印度传回到巴格达。像此处讨论的那些问题很可能是传播中的一部分：我们不能认定而只能推测。但不管怎么样，此处都值得详述一下我们所了解的事情中更有把握的那部分。

自大约公元前500年至公元前330年，古代伊拉克同印度西北部还是波斯帝国境内的遥远伙伴。此后，该区域一度被纳入亚历山大大帝治下。巴比伦的数学被印度吸收，这方面有详尽而相当清晰的证据，尤其是在天文计算中：这可以从印度使用基数60来度量时间与角度，并用类似的方法来计算全年的日照时长看出。（与其他早期社会一样，在印度，用于仪式及其他目的的正确计时至关重要。）后来，希腊语的天文或占星术文本有了梵文译本。因此，用于测量天文高度的希腊词汇"chord"（弦）成了印度"sine"（正弦）的基础。早期印度文献的匮乏，使我们无法了解另有哪些知识确凿地传向了东方或其他方向：例如，有一些记有天文方面内容的黏土碎片，来自伊斯兰化之前的伊朗，从而表明了梵文文本在那里的影响。

至公元6世纪末（甚至再早些），印度中部地区就已经发展出一种仅有十个数字且与位置值体系连用的记数系统。其重要性怎么说都不夸张。用现代的话来说，这意味着我们仅用"0、1、2、3、4、5、6、7、8、9"这十个符号就可以记录任意大小的数字。所谓"位置值"，意味着比如"2"和"3"在200003和302这两个数字中代表不同的值，因为它们所处的位置不同。在上述两个数字中，零都用作占位符，这样我们就不会将200003误认作23或者把302误认作32了。一旦理解了这一点，就可以将几个相同的加法与乘法规则应用于任意大小的数字。当然，历史上还有许多其他的记数方式。但随着数字变大，所有这些方式都需要发明越来越多的新符号，而且没有一种能便于用笔在纸上进行计算：让我们试着对两个用罗马记数符号表示的数字求和，比如xxxiv和xix，并且不将其转写成我们更熟悉的形式。

早在公元7世纪，在柬埔寨、印度尼西亚及叙利亚的某些地区，人们就已经知道了后来被称为印度记数法的那套符号系统：对此，比如叙利亚的主教塞维鲁·塞博赫特就曾对此给予高度评价。至公元750年，伊斯兰教已经遍布（并超越了）古波斯帝国的领域范围；至公元773年，印度记数符号随着敬献给哈里发曼苏尔的天文专著从印度来到巴格达。大约在公元825年，花剌子米，就是我们前面提到的那位代数领域的作者，写了一篇关于如何使用印度记数符号的文章。原始文本已经失传，但其内容可以通过后来的拉丁语译文复原。文章首先讲如何用阿拉伯语形式而不是梵语形式来写十个数字，并仔细解释位置值以及零的正确使用；接下来是对加减法、翻倍与减半、乘除法的说明，一些关于分数的教学（包括六十进制分数在内），以及提取平方根的说明。花剌子米的著作为算术文本的形式创立了长达数百年的范式：尽管在当时文献资料已经大大扩展，在许多17世纪的欧洲文本中仍然可以轻松辨别出其框架。但就眼下来说，让我们还是回到印度记数符号本身，或者来关注随着其继续向西传播进而演变成的印度–阿拉伯数字。

至10世纪末，这种记数符号从印度传到了地处伊斯兰世界另一端的西班牙，并习得了预示着现代西方记数系统的西阿拉伯形式，而不是如今在通行阿拉伯语的国家中仍然使用的东阿拉伯形式。这些记数符号由西班牙逐渐向北传播到法兰西和英格兰。关于记数符号的一种传说是，它们由一位叫热尔贝的僧侣传入基督教欧洲。此人也就是后来的教皇西尔维斯特二世，他在公元970年前曾到访过西班牙。热尔贝确实在算盘计数器上用过记数符号，但仅凭这样一条微不足道的证据，人们几乎不会把将符号系统引入欧洲其余地区这件事归功于他：我们不清楚他是否学会了相关的计算方法，还是仅仅把数字充作装饰符号；我们也不知道他的算盘在多大范围内为人所知或得到使用；此外，肯定还有其他前往西班牙的旅行者，他们同样带回了一些关于记数符号的知识来向朋友们展示。有关记数符号的知识可能只会以一种零散的方式缓慢地传播，直到人们开始更好地认可其实用性。

我们很清楚，出自西班牙的天文表（即“托莱多天文表”）于1140年及1150年分别为马赛和伦敦改进过。天文表的使用说明是从阿拉伯文译成拉丁文的，但其本身却并没有翻译：有谁会想要把测量度、分、秒所得的两位数的数列转换为麻烦的罗马数字呢？正如天文表将印度记数符号带到巴格达一样，这套符号后来又被带到了北欧：对天文学家来说，数字不仅有用，而且对理解他人的观测至关重要。

在更世俗的层面上，数字的知识和相关的计算方法也必须通过贸易向西和向北传播。比如，十字军自11世纪末起便会接触到它们。然而，与天文表不同，买卖记录是短暂的，并且早已不见踪影。

到了12世纪，有人专门编写了一些文本来解释新的记数符号及相关的计算方法。其中之一便是斐波那契的《计算之书》，这本书流传于意大利，却并没有在北欧传播。在法兰西和英格兰，反倒发现了被称为“algorisms”的拉丁语文本。这个名称转写自文本开篇的词汇“Dixit Algorismi”，意思是“花剌子米如是说”。就像花剌子米的原著那样，这些文本介绍了如何记写数字以及如何将其用来进行基本的算术运算。来自法兰西北部的亚历山大·德·维尔·迪厄用诗歌形式撰写了一篇格外迷人的作品，被称为《算法的卡门》。开头几行的译文如下：

> 当下的这种艺术被称为“algorismus”，
> 我们在其中用上了十个印度数字：
> 0、9、8、7、6、5、4、3、2、1。

亚历山大接着解释每个数字的位置如何重要：

> 如果您将其中任何一个放在首位，
> 它仅仅表示自己；如果在第二位，
> 则表示自身的十倍。

尽管数字有着明显的优势，但其真正被投入使用的进程却很缓慢。这并不是因为有时人们所以为的，它们来自东方，有着非基督教背景的起源，而是因为对于日常应用，旧式的罗马记数系统辅以手指或记数板来进行计算就足够了。另外，并非所有人都觉得新的记数符号易于学习：直到14世纪或15世纪，意大利卡文索本笃会修道院的一位僧侣从第30章起才将章节编号记为XXX、XXX1、302、303、304……不过，印度-阿拉伯数字最终取代了其他所有的记数系统，一旦它们向西被带到了美洲，就几乎完成了其环球之行。

关于数学得以远距离传播的方式，还有其他的故事。比如，中国的所有邻国都学习了中国的传统数学。直至17世纪耶稣会士带着欧几里得的《几何原本》进入中国，中国传统数学才有了与西方的交流。而且毫无疑问，中国传统数学与印度也有所交流。这种活动在近代一直持续着：19世纪中，欧洲数学从法兰西和德意志这两个中心地带向外传到了欧洲的外围，一端是巴尔干半岛，另一端是不列颠；然后又传至美国，最终传到了世界各地。这种成规模的传播是现代特有的，但数学中的思想却已经流传了很长时间。

不要忘记人在其中的作用

本章中，对于过去的某些数学是如何历经漫长的岁月甚至有时跨越遥远的距离幸存下来的，我已经进行了叙述，虽说形式比较零散。不过，我已经试着谨慎用词。用来表达数学思想传承的一个常用词汇是“transmission”（常义为“传递、传播”），但我不喜欢这个词：它除了隐含“无线电天线”这层意思外，还暗示着数学思想的创始人故意将他们的想法及发现指向了后人。这种情况实际上极少发生。把数学写下来，多半是为了个人自用或是写给自己同时代的人。能远远超越这种目的而幸存下来，在很大程度上取决于环境。同样，我也尽量避免谈论思想只是在单纯地传播、扩散，就好像它们是自身拥有力量的庄园杂草一样。

恰恰相反，每次数学交流，无论大小，都是由人为因素引起的。在上述长期流传的故事背后，是无数微小的相互影响与交易。我们已经瞥见了其中的一些：印度的使节们向巴格达的哈里发做着自我展示；拜占庭的誊写员抄录着自己可能几乎看不懂的手稿；佛罗伦萨的商人们在亚历山大的市场里讨价还价；还是在亚历山大，一千年前的某位图书馆管理员仔细列出了他所负责的书卷，他或许像后来的约翰·利兰一样，也对图书的损毁感到不安；费马把信寄给了牛津的沃利斯，却如石沉大海，杳无回音；怀尔斯在一次演讲中首次公开了他的证明，后来又通过电子邮件发布了关于证明最终修正的消息。数学思想之所以四处传播，只是因为人们在思考，在与他人讨论，在记录并保存相关的文档。没有人，数学思想的传播就根本无从谈起。

第四章

学习数学

一个容易忽视的事实是，现代社会中学习数学的最大群体不是成年人，而是小学生。世界上任何一个地方的年轻人，若足够幸运而能接受教育的话，就有可能会花费大量的时间来学习数学。在发达国家，每个学校每周会有两到三个小时用于数学，并可能持续十年或者更长的时间。

有鉴于此，回想起下面这一点，即把数学纳入学校课程是现代的一个现象，就有些令人惊讶。比如1630年前后，约翰·沃利斯既不是在学校也不是在剑桥学习算术，而是师从他在学习做生意的弟弟。他后来成了牛津大学萨维尔几何学教授。三十年后，塞缪尔·佩皮斯在努力学习乘法表。他也曾在剑桥接受教育，还是海军委员会的成员，以机敏过人且有素养著称。尽管如此，在大多数文明社会中，将数学知识至少传给下一代中的一些人，已经被视作一项重要任务。

数学在哪些方面被认为是有用的，以及用于哪些目的，一项对所教授内容及方法的研究告诉我们很多这方面的信息。本章我们就要来检视两个案例研究，因为我们掌握了相对较好的材料：一个发生在公元前1740年之前某段时间在伊拉克南部尼普尔的一间教室，另一个发生在公元1800年之后不久位于英格兰北部坎布里亚的格林罗学院里的一间教室。

巴比伦的一间教室

尼普尔古城位于幼发拉底河的沼泽地带，大约在现今巴格达与巴士拉两座城市中间的位置，曾经是重要的宗教中心，围绕着一处献给恩利尔神的寺庙群而建。像后来中世纪欧洲的大修道院和僧院一样，巴比伦的神庙得到了大量供品，并且掌控了土地和劳动力，因此需要训练有素而能处理书面记录与计算的抄写员。有些孩子注定要从事那些通常由家庭来经营的行业，他们可能很早就开始接受培训。

尼普尔有一处不大的砖砌房子，如今被称为“F号房屋”，看起来曾经是这座城市中可能有的几所抄写培训学校中的一所。该处房屋始建于公元前1900年之后的某个时期，靠近献给伊娜娜女神的神庙，并在公元前1740年这一年的前不久被用作学校。像所有砖砌结构一样，它需要定期维修。这里不再作为学校之后，又进行了第四次或第五次重建。这一时期，工匠们充分利用了数百块废弃的教学用黏土板，把它们整合到了新房子的地板、墙壁和家具之中。其他一些部分损坏的黏土板也已经被发现，它们同回收箱中大量未曾使用的黏土混在了一起。

这处房子被用作学校时，分成了三四个内部空间和两个庭院，庭院里有些长凳和回收箱。不幸的是，我们不知道那些学生的姓名或年龄，也许一次最多只有一两位；我们也不清楚他们占用庭院里长凳的次数或时长。不过引人注目的是，他们使用黏土板的方法已经能使楔形文字研究者重构当时的课程。

出自这处房屋的许多黏土板，一面（正面）是平的，另一面（背面）则微微凸起。正面左侧是老师写的范文，右侧是学生的摹写。在黏土板微微凸起的背面有更长的段落，是之前所学的课件材料。重新书写要么是为了进一步练习，要么也许是用作记忆测试。这样的尼普尔黏土板大约有一千五百块，每件上都有“较早”和“较晚”的材料。尼克·维尔德维斯在20世纪90年代就能够从中辨识出学校基础课程中的一种连贯顺序，比如从基本的写作技巧开始，到苏美尔文学的开端为止。埃莉诺·罗布森对出自该处房屋的大约两百五十块类似的黏土板运用了相同的方法，以便能对学校课程进行同样的研究，从而发现数学在其中的地位。

学生们需要迈出的第一步是，学习楔形文字符号正确的书写技法并组合起来拼出自己的名字。之后他们借助单词表来学习书面词汇，比如从树木和木制品开始，接下来是芦苇、器皿、皮革及金属制品，动物和肉类，石头、植物、鱼、鸟及服装，等等。在这里通过测算船只的容量、树木和石头的重量、芦苇制测量杆的长度，就已经介绍了一些数学词汇。随后，更多的度量衡单位也出现在专用的重量和度量列表之中。

接下来，学生被要求熟记逆算表（成对的数字相乘得60）以及二十多个标准乘法表。例如某个逆算表可能以这种形式展开：

2	30
3	20
4	15
5	12
6	10
8	7 30
9	6 40
10	6
12	5

（在我们如今仍然用在小时和分秒计算上的六十进制算术中，7 30等于$7\frac{1}{2}$，而6 40是$6\frac{2}{3}$。）乘法运算表需要相当多的记忆。比如用于16 40的乘法表是这样展开的：

1	16 40
2	33 20
3	50
4	1 06 40
5	1 23 20

据估计，在完成学校其他练习的同时来学习全套运算表可能需要一年的时间。在这一阶段，学生也开始用苏美尔语书写完整的句子，其中一些语句包含了之前学过的度量衡单位。

只有在完成以上所有之后，也就是学生们习得更高级的苏美尔语之后，他们才开始脱离标准运算表来进行自己的倒数运算。在这处房屋为数不多的“高级”黏土板中，有一块上面记录了一些用于求解17 46 40倒数的运算方法（答案是：3 22 30）。这些内容与一段文学作品选摘写在了同一块黏土板上。这部文学作品被称为“导学对年轻抄录员的建议”，其中包括以导学自己当学生时的记忆为基础的一些道德说教：

就像弹起的芦苇，我一跃而起，投入工作。
我没有偏离老师的指导；
我没有主动开始进行练习。
指导老师对我的作业很满意。

出自该处房屋的大多数高级文本都与数学无关，而是像“导学的建议”那样的文学作品。不过，其中有许多都提到在社会公正管理中读写能力与运算能力的应用。在一首献给抄录员的守护神尼沙巴的赞美诗中有这样几句，赞美她将礼物赐予国王：

一根单秆的芦苇和一条用于青金石的测量绳，
一把标尺和一块带来才智学识的书写板。

位于坎布里亚的一间教室

1780年，约翰·德雷普在英格兰西北海岸的希洛斯创建了格林罗学院，就在与苏格兰交界处以南几英里的地方。像尼普尔那所在“F号房屋”中的学校一样，格林罗学院也是某种家族事业。他的父亲约翰·德雷珀此前曾在同一海岸再往南三十英里的怀特黑文办了一所学校。这所位于怀特黑文的学校当时注重与“贸易及航海技术”相关的学科，德雷珀则出版了两本教科书供他的学生们使用：一本是1772年出版的《青年学生的口袋书》，包括算术、几何、三角学及测量学，为提高在校青年的水平而编排；另一本是1773年出版的《领航员手册，或一套领航技术的完备体系》。德雷珀于1776年过世；约翰继承了他父亲的图书、数学工具及一些财产，这样他便有能力在几年后来创建格林罗学院。1795年德雷普去世。此后学校由另一位家族成员约瑟夫·索尔打理，他是德雷珀妻子的亲戚，一直管理该校近五十年。课程范围也有所扩大，新增了包括希腊语、西班牙语以及《圣经》研习在内的课程。但格林罗学院与位于怀特黑文的那所学校一样，仍旧将数学教学视为重点。

这所学校不仅吸引了当地的男孩，还吸引了英格兰其他地区甚至海外的男孩。九岁大的孩子就可以注册入学，甚至一度六岁大的孩子也可以，但有时也有二十来岁的年轻人在那里接受教育。不过，大多数学生都是十四岁或十五岁。1809年的记录显示，十一岁大的罗兰·考珀是年龄最小的学生之一，二十三岁的詹姆斯·欧文是年龄最大的学生中的一位，他们都要完成相同的基础课程，包括英语、写作和算术。其他大多数的男孩还要学习绘画、法语或拉丁语，以及非常宽泛的数学专题。十五岁的约翰·科尔曼所学的课程就非常典型：英语、法语、写作、绘画、算术、几何、三角学、测定、测量、簿记、球面学、天文学、力学、代数以及欧几里得几何。学校开设的其他数学专题还有日晷制作与计时（日晷的结构）、测量估算及防御工事。而十六岁的乔治·皮特看起来非常出色，还参加了圆锥曲线和“流数”（牛顿版本的微积分）的课程。

不过，我们很幸运，能从格林罗学院获得更多的信息，而不仅仅是科目的列表。数学教育家约翰·赫尔西于2005年去世，在此之前，他收集了两百多份数学抄本，它们出自1704年至1907年间英格兰及威尔士各校学生之手。这些不是现代意义上的练习本，学生们并没有浪费宝贵的纸张来一遍遍地练习相似的问题。相反，他们仔细地记下标准问题的翻版示例，从而为自己确立了一系列可行的题例，这样就能便于日后应用。许多题例取自当时流行的教科书，尤其是弗朗西斯·沃金盖姆那本广为流传的《教辅助手》（首版于1751年）。不过，其他许多例子肯定是老师自己特别为学生们设计的。

赫尔西的搜集包括罗伯特·史密斯于1832年至1833年之间撰写的五本数学工作手册（见图4）。在这两年中，罗伯特记下了近一千七百页的数学题例，所以我们就对他所研究的内容有了非常详尽的了解。这些并不是罗伯特所作的第一本书，因为它已经远远超越了基本的加、减、乘、除运算。现存最早的一本来自1832年，以“三的法则”开篇。这条法则让不知多少代的学生能回答诸如下面这样的问题：数量为A的一组人在B天内挖了一道沟，

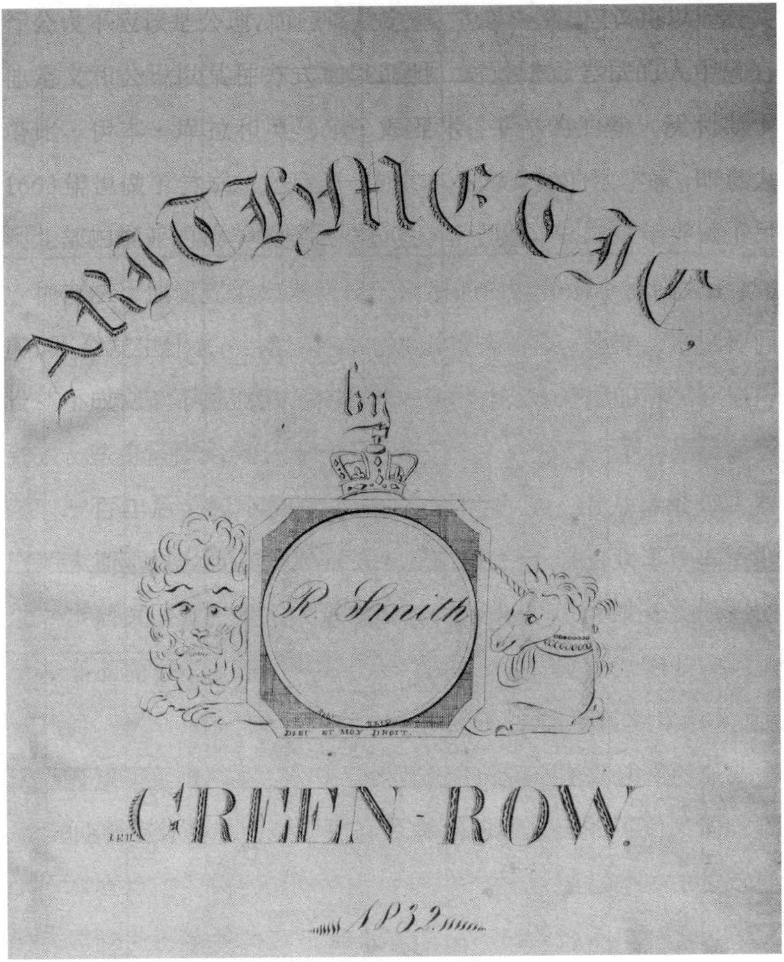

图4　罗伯特·史密斯所著算术书的首页，格林罗学院，1832年

那么数量为C的一组人做同样的工作需要多长时间？这条法则之所以如此命名，是因为必须从三个已知量（A、B、C）中求解第四个量（即答案）。这条法则起源于印度，可能是随着印度数字

系统一并西传：其在伊斯兰及欧洲的算术文本中普遍存在达数世纪之久。

学生们曾以死记硬背的方式学习过"三的法则"：也不指望19世纪中的某个英国男学生会"主动开始进行练习"，就像他们的巴比伦前辈那样。在上面的示例中，他会学到需要用B乘以A再除以C来求得正确的答案。不过，当然总有些变化来难倒粗心的学生：罗伯特·史密斯就必须学习"三的正向法则"、"三的逆向法则"以及"三的双重法则"。紧接着这些专题之后，便是易货贸易、利息、团契规则（利润分配）、普通分数、十进位分数，以及算术级数与几何级数，此外还有另一些内容。他的第二本书显然是在同一年编写的，研究工作贯穿一系列类似的主题，同样以"三的法则"开篇，以级数和十二进制结尾。这些书看起来是按先后顺序写就的，因为罗伯特本人标上了卷一、卷二。目前还不清楚为何他要对类似的题材研究两次。

他的许多题例都取自沃金盖姆。比如，有两个关于置换的示例，下面是其中之一（另一例是关于12个铃铛有多少种按法）：

> 一个年轻人因为一家不错的图书馆提供的便利来到镇上。他与房东讲价，付给对方40英镑的膳宿费，只要他每天在晚餐时可以将家人（除他自己外还有6人）安排在不同的位置，就可以一直住下去。问：他花了40英镑可以住多久？

罗伯特在问题后面直接给出了正确的答案（即$1 \times 2 \times 3 \times$

$4\times5\times6\times7=5\,040$天）。不过，之后他立即转向了普通分数，在这一点上他与沃金盖姆非常接近。

罗伯特在1832年撰写的两本算术书总共近九百页。此外，他的第三本书《几何三角学的测定与测量》也有近五百页。其中包括一些精美绘制的草图，看起来像是在格林罗学院时就已经受到了启发（见图5）。

下一本书的标题页是“算术，罗伯特 · 史密斯撰，1833年于格林-罗”，主题是“关于普通规则的实践问题”。被称为“包裹单”的那些问题让人特别感兴趣，因为学生们经常用自己的名字和日期来代替沃金盖姆原有的。因此，罗伯特的第一张包裹单是这样的：

> 格林-罗，1832年7月13日
>
> 托斯 · 纳什先生
>
> 买了罗伯特 · S. 史密斯
>
> 8双精纺毛料长袜，每双4先令6便士，计1英镑16先令
>
> 5双线料同上，每双3先令2便士，计15先令10便士

其他包裹单上更多的日期贯穿1832年的整个7月，并持续到了8月，这表明罗伯特在1832年可能就已经着手编写了，也就是说他并非于1833年才开始写这本书，而恰恰是完成于这一年，即书名页上的日期。托斯 · 纳什这个名字在罗伯特的第一本书里除了别的地方还出现在结尾处，排在一起的还有另一个人名：罗

图5　罗伯特·史密斯提出并解答的一个三角学中的问题，格林罗学院，1832年

伯特·里德。这暗示两人可能是罗伯特的老师。这位里德又一次出现是在如下这类包裹单中：

> 18码优质蕾丝花边，每码0英镑12先令3便士，计11英镑0先令6便士
>
> 5副优质儿童手套，每副2先令3便士，计11先令3便士
>
> 等等。

罗伯特在1833年完成的第二本书关于“几何体的测定”。这本书里有五种常规几何体（即四面体、六面体、八面体、十二面体和二十面体）体积与表面积的复杂计算，还有砌砖工、石匠、木匠、铺石板匠、油漆工、玻璃匠、水管工以及其他行业所用的典型计算，并且用到的都是适用于各行业的单位。比如，罗伯特了解到，油漆工是以平方码为单位来估算“踢脚板、门、百叶窗”的面积，但“一直都得去掉壁炉及其他开口的面积”。

遗憾的是，我们不清楚罗伯特着手以上这些事情时的年龄；但我们可以看到，在格林罗学院的那些岁月带给他一种既有理论性又完全可实践的数学教育。

女孩们

我有些犹豫地加入了这一节内容。它将构成人类半数的一群人处理得就像少数群体一样；但并没有偏离这样一个事实，即就大多数社会的大部分历史来说，人们认为没必要甚至不宜对女

孩进行教育，当然也就谈不上对女孩在数学或科学等方面的教育了。所以毫不意外，很少有著名的女数学家，就像在最近几个世纪以前很少有女性作家、律师或医生一样。这种状况一定让成千上万甚至更多的聪明女性有些沮丧。尽管如此，时不时还是有人得到了或者为她们自己创造了接受数学教育的机会。

这些女性中有这样一群人，她们拥有大量的财富或者有足够的闲暇来沉迷于所选择的研究。早期的一个例子是公元1世纪末中国的邓皇后，她曾经上过算术课。这一时期不同寻常的是，她的老师也是一位女性，叫班昭。很久之后，到了17世纪40年代，波希米亚公主伊丽莎白和瑞典女王克里斯蒂娜都上过笛卡尔的课，尽管相比于数学，她们可能对他的哲学思想更感兴趣。一个世纪后，欧洲最多产的数学家莱昂哈德·欧拉写了两百多封关于数学与科学主题的书信给安哈尔特-德绍公主。这位公主是普鲁士腓特烈大帝的侄女。这些信函有法文版、俄文版和德文版，后来又以《写给一位德意志公主的书信》为标题出了英文版；时至今日，仍在出版发行。

然而，普通女性进入数学领域的一条更为普遍的途径是师从父亲、丈夫或兄弟。例如，公元前19世纪，在巴比伦锡普尔镇有两位女抄录员，伊纳娜-阿玛加和尼-娜娜姐妹，看起来她们很有可能是从父亲阿巴-塔布姆那里学到了专长，他也是位抄录员。两千年后，邓皇后和她的兄长们从父亲那里接受了最初的教育，尽管他们的母亲似乎认为这对一个女孩来说是浪费时间。邓皇后后来的老师班昭是学者班固的妹妹，她对兄长的工作非常了解，在兄长去世后续补了他未完成的遗作，包括一篇关于星象的论述。数学领域最著名的父女也许是公元4世纪末亚历山大的赛翁和希帕蒂娅。不过，我们手上没有出自希帕蒂娅本人的著作，只有一些关于其生活与离世的二手记载。围绕着其生死汇积了许多传奇。

女孩在家庭中接受教育的形式一直持续到近代的早期。17世纪70年代，约翰·奥布里在文章中谈到了以前的朋友爱德华·戴夫南特，后者是多塞特郡吉林厄姆的一位牧师。奥布里记述了这位朋友对数学的热爱，尽管“他作为牧师不乐意出书，因为世界不应该知道他是如何度过大部分时光的”。戴夫南特不仅教奥布里代数，还教授自己的女儿：

> 他非常乐意教学并进行指导。他帮助了我，首先给我讲授了代数课程。他的女儿都是代数学家。

碰巧的是，我们知道爱德华·戴夫南特用代数的方式向自己的长女安妮教授了些什么，因为热衷于记录人类所有事务的那位奥布里在1659年抄下了她笔记本里的内容。安妮生于1632年（这是她妹妹凯瑟琳的出生年份）之前，并在1650年同安东尼·埃特里克结婚，因此她很可能在17世纪40年代初期被训练成为“代数学家”。奥布里对安妮作品所做的抄本是这样开头的：

> 这些代数上的内容是我从安妮·埃特里克那里抄录的，

她是戴夫南特的长女，戴夫南特博士是一位非常出色的逻辑学家。

安妮笔记本中日期在前的那些问题，以及她书写时所用的拉丁文，对年轻的初学者来说是典型的。比如其中有这样一题：一位年轻男士出现时，一群女孩正在散步。男士（用拉丁语）说道："12位姑娘，你们好啊。"其中一个女孩（也用拉丁语）立即回应道："如果用我们的人数乘以5，那么我们人数上多出12的数量就同我们现在少于12的数量一样了。"读者不禁要问：那里有几个女孩？几页之后，我们发现安妮正在做一个题例，其形式与解答是巴格达的花剌子米在八个世纪以前提出的：什么数乘以6再加16会得出自身的平方（用现代符号即 $6x + 16 = x^2$）。终于，在笔记本结尾处，拉丁文与数学的水平都变得更加成熟了。其中倒数第二个问题直接出自丢番图的《算术》：把370分成两个正立方体，其根都是整数且相加之和为10。就像安妮所能展示的那样，答案是 7^3 加 3^3。这个题例中的数字都经过精心筛选，好给出一个简单的解答。但要用一个完美的立方体来替换370这个数字却是不可能的，正如远在图卢兹的费马几乎同时所发现的那样。

时间一直来到18世纪，女孩们却只有坐拥社会地位上的优势或有宽容通达的父母，才有可能被教授数学，就像邓皇后和安妮·戴夫南特那样。在费马大定理上取得进展的那些关键人物中，有一位叫索菲·热尔曼，她同时受益于上述两个方面。1776年，她出生在巴黎一个富有且受过教育的家庭，法国大革命爆发时她才十三岁。由于被限制在家中，她只好在父亲的图书馆里自娱自乐，就这样发现了数学这一科目。她的父母起初认为这一学科并不适合她，不过后来在她的决心面前，他们的态度软化了。十八岁那年，她设法从新成立的巴黎综合工科学校拿到了讲义。尽管她本人未被允许进入课堂，但她化名“勒布朗先生”把作业交给了约瑟夫-路易・拉格朗日。他是该校最伟大的老师之一。四年后，她再次用勒布朗这个化名与同样伟大的德国数学家卡尔・弗里德里希・高斯通信。即使在察觉了她的真实身份之后，拉格朗日和高斯仍然赞赏她的数学能力并钦佩她的勇气。她是值得二位称赞的。索菲一生中大部分时间都在与不平等做斗争：有着同样天赋的男孩可能享有的那种教育，她从未接受过；而她的工作成就却常常被错误和不完整所破坏。她从来没有担任过任何正式的职务。尽管如此，1831年她去世之后，高斯指出，她本该在哥廷根获得荣誉学位。哥廷根是当时欧洲主要的数学中心之一。

文章或海报提到“数学中的女性”时总是将希帕蒂娅和索菲・热尔曼作为典型；不幸的是，这不是因为她们代表了各自的时代和地域，恰恰相反，她们并非所处时代与地域的代表。像班昭或安妮・戴夫南特这样被埋没的女士，大体上更能体现女性在数学及数学教育方面的经历。

至19世纪，随着西欧的女孩们开始更多地受益于基础教育，她们的境况慢慢改善了。赫尔西的藏书中，女学生的抄写本很少。不过，我们所掌握的那些，让我们对英格兰和威尔士的各所学校面向女学生的数学教学内容有了一些有价值的了解。

1831年，也就是罗伯特·史密斯在格林罗开始撰写上述几本书的前一年，埃莉诺·亚历山大在费尔沃特学校里正研究着“还原”（“把30英镑1先令$1\frac{1}{4}$便士换算成法寻”）及“三的法则”（“假如7码布料值3英镑10先令，那么65码要多少钱？”）。这所学校位于南威尔士纽波特以北的一个山谷中。她的整个抄本有一百二十七页，就由这两类问题组成。三年后，即1834年10月初，安·威特曼在约克郡附近的阿普尔顿-勒-穆尔斯开始通过自己的方式来研究沃金盖姆的《教辅助手》（见图6）。她早期的学习记录都标有日期，所以我们知道她在“简单加法”上花了大约十天时间，而对“乘法”却用了整整一个月。圣诞节后，她学习了（用于货币、布匹尺寸、土地丈量、啤酒和麦芽酒度量等方面的）“复合加法”；3月底，她就到了“包裹单”这一主题。在她的题例中，8双精纺毛料长袜到了威廉·G.阿特金森夫人（她的老师？）手上，而亨利·威特曼先生（她的父亲？或她的兄弟？）则买了15码缎子。1837年4月她开始了“练习”，这种方法依赖于掌握标准重量和度量的分数（见图7）。翻看完二百五十页之后，威特曼的抄本结束于1837年5月10日这一天，此时她已经以自己的方式学到了沃金盖姆的“复合利息”。她在不到三年的时间里记下的数学内容，比罗伯特·史密斯几个月内完成的篇幅要少得多，不过数量仍然相当可观。

二十年后，林肯郡斯坦菲尔德的伊丽莎白·阿特索尔也通读了沃金盖姆的书，从“复合加法”到“三的法则”（比如“3磅咖啡

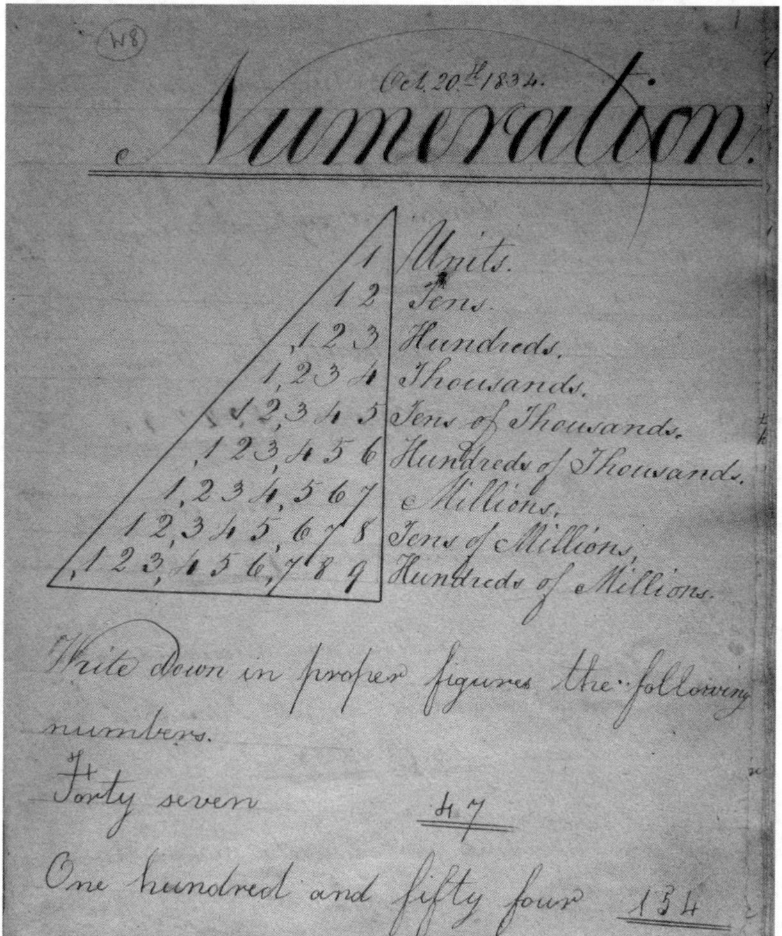

图6　安·威特曼的练习册的首页，日期为1834年10月20日

要1英镑1先令8便士，那么29磅4盎司咖啡得花多少钱？”）。在她的题例中，1850年10月22日有8双精纺毛料长袜到了查普尔夫人手里。不过，1861年时I. 诺曼小姐在曼彻斯特的休姆以英

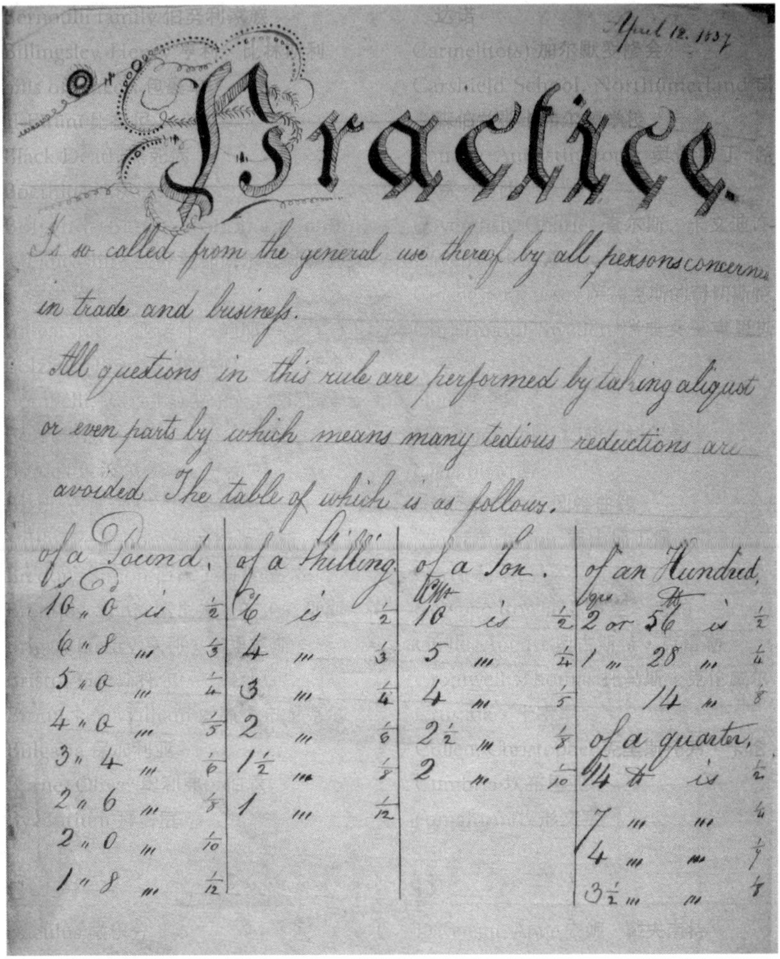
April 12. 1837

Practice

Is so called from the general use thereof by all persons concerne[d] in trade and busineſs.

All questions in this rule are performed by taking aliquot or even parts by which means many tedious reductions are avoided The table of which is as follows.

of a Pound.			of a Shilling			of a Ton.			of an Hundred,		
s d			d			Cwt			qrs lb		
16 " 0	is	1/2	6	is	1/2	10	is	1/2	2 or 56	is	1/2
6 " 8	"	1/3	4	"	1/3	5	"	1/4	1 " 28	"	1/4
5 " 0	"	1/4	3	"	1/4	4	"	1/5	14	"	1/8
4 " 0	"	1/5	2	"	1/6	2½	"	1/8	of a quarter,		
3 " 4	"	1/6	1½	"	1/8	2	"	1/10	14 lb	is	1/2
2 " 6	"	1/8	1	"	1/12				7	"	1/4
2 " 0	"	1/10							4	"	1/7
1 " 8	"	1/12							3½	"	1/8

图7　安·威特曼的练习册最后几页中的一页，日期为1837年4月12日

格森先生冠名的多塞特街学院里的活动却略有不同。她的抄写本专门印了学校的名字，就在淡蓝色的纸上，页边还画有双红直线。诺曼小姐在第1页记下了“累进算术”，但可惜没有取得多

大进展：这个抄本有六十页，每一页都写满了对英镑、先令和便士的乘法或除法运算（比如“一码布料要$7\frac{8}{9}$便士，那4767码我得付多少钱？”）。一年后，诺森伯兰郡卡希尔德学校的伊丽莎白·道森在“三的法则”上做了很多功课，在“练习”上下了更多的功夫。比如，为了求每码单价6先令8便士对应7234码的值，她用了1971年前所有英国小学生都知道的一个换算比例，即6先令8便士等于$\frac{1}{3}$英镑。不过对于她来说，用每英尺3先令$7\frac{3}{4}$便士的单价，来求65英尺$3\frac{1}{4}$英寸的费用却并不太容易。

伊莎贝拉·伦德是学生，就读于兰开夏郡博尔顿勒桑德的一所文法学校（该校最初仅面向男孩）。从1866年4月开始，她仅用一年时间便从“简单加法”学到了“三的法则”。一年后，在格洛斯特的里伯斯顿·哈尔女子文法学校就读的G. 琼斯小姐，一张又一张地填写了共20张包裹单。她的8双精纺毛料长袜于1868年7月到了一位叫詹金斯的小姐手里。

以上所选的那些女孩的抄写本，是一些我们正好知道作者名姓、学校及日期的抄本。没有进一步的研究，我们无法假设这些抄本具有代表性。但它们确实显示出对女孩们的数学教育高度重视实践（于此没有欧几里得几何）。另外，就现代的标准来看，教学进度有时极其缓慢而又重复。尽管如此，记录这些抄本的女孩既识字又会算术，尤其是与她们前几代的同龄人相比。

不过，要超越基础数学而进入大学教育，仍然需要具备特殊的才能。我们将比较两位的确曾设法达到其本国教育体系较高水准的女性，来结束这一节的内容。一位是苏格兰的弗洛拉·菲利普，另一位是希腊的弗洛朗蒂亚·丰图科里。

弗洛拉·菲利普是1893年爱丁堡大学第一批女毕业生之一，不过她早在七年前就已经加入了爱丁堡数学学会。实际上，她大部分高等数学方面的教育并非来自大学，而是来自爱丁堡女性大学教育协会。该协会成立于1867年，旨在为女性提供超越学校水平的教育，即与面向男性的大学教育持平。有人认为数学"完全超出了女士的思想范围"。尽管有这些人的反对，数学还是早早就被纳入了协会的授课课程中。这样做的目的是教授与大学相同的数学，但难度却没有大学课程那么高，因为许多女性在基础阶段准备不足。尽管如此，她们还是学了欧几里得几何、代数、三角学及圆锥曲线。参加课程的女性通常很少，但正如一位讲师所报告的那样，"班级里的热情和勤奋加倍弥补了人数上的不足"。后来，协会开设了一门更有难度的高级课程。弗洛拉·菲利普于1886年顺利完成了这门课程。就在这一年，她加入了爱丁堡数学学会。1893年，她从大学获得了学位。此时，她已经在协会创立的圣乔治女子学校任教了一段时间。然而，就在同一年她结婚了，从此退出了学术生活，也退出了爱丁堡数学学会。

1869年，弗洛朗蒂亚·丰图科里在雅典出生。她跟弗洛拉的职业轨迹在许多方面都相似。弗洛拉于19世纪80年代在爱丁堡协会学习数学时，弗洛朗蒂亚·丰图科里从雅典的阿塞克翁女子师范学校获得了教师证书。之后，学校的管理委员会资助弗洛拉在柏林学了一年教育学。她后来请求延期，以便在苏黎世获得一个数学学位，但委员会拒绝了。（而另一方面，她的兄弟米海尔确实成了一位数学工作者，后来在汉堡工作。）弗洛拉在圣乔治教书的同一年，弗洛朗蒂亚回到了科孚岛的阿塞克翁学校任教。1892年，就在弗洛拉入读爱丁堡大学时，弗洛朗蒂亚成了雅典大学数学系的学生，她是这里的第一位女性。但与弗洛拉不同，她似乎没有毕业。相反，她继续在雅典的一所女子学校教书，这是她和朋友伊琳·普里纳里自己创办并打理的学校。到了1899年，她签名时总是用丰图科里-斯皮内利，这暗示她可能已与另一位老师卢多维克斯·斯皮内利结婚，但实情却不清楚。不幸的是，在19世纪90年代末，她还未到三十岁，健康状况就开始恶化。随后她去了意大利生活，于1915年在那里去世。

弗洛拉同弗洛朗蒂亚不得不努力来获得她们想要的那种教育。尽管如此，爱丁堡大学和雅典大学在这方面还是走在了其他大学前面。而在剑桥大学，女性直到1947年才被接纳为正式成员。

自学者

直到两个世纪前，世界上还只有极少数的女孩受过某种形式的数学教育。但即便对男孩来说，数学方面的义务教育也是一个相对较新的现象。在17世纪的英格兰，正如我们从沃利斯和佩皮斯的经历所了解到的，完全不学数学而接受从中小学直到大学的教育是可能的。因此，那些对这一学科有特殊天赋或喜好的人通常都是自学的。费马就是这种情况，他在波尔多有位叫艾蒂安·德·埃斯帕涅的朋友，他从这位朋友父亲的藏书中学到了他那个年代最高级的数学。作为17世纪最伟大的数学家之一，艾萨克·牛顿也是如此。牛顿或许已经在位于林肯郡格兰瑟姆的文法学校里学了些基础数学，但他17世纪60年代在剑桥当学生时通过自己的阅读学到了更多的东西。许多年后，他向一位朋友讲述了自己是怎么读笛卡尔的《几何》一书的。这部作品恰在这之前的几年得以用拉丁文重新出版。阅读一本标新立异的数学书，很多人都会承认其中有诸多困难；但也许很少有人会效仿牛顿，顽固而自我激励式地坚持下去。

> 他买了笛卡尔的《几何》一书来自习。他读了二三页后就看不懂了，于是便重新开始；接着又读三四页，直到碰见另一处难点，然后再重新开始并进一步往前走；如此反复，直至他自己成为整个领域的大师。

从遗存的牛顿手稿中我们得知，他以类似的方式来处理同时期的其他作品，并且对从中发现的素材进行研究，从而创建远远超越其任何一位前辈所开创的数学。

在17世纪，以及进入18世纪后的某些时候，一个有足够动力的人仍然可以阅读并学习几乎所有可用的数学文献。即便在19世纪初，索菲·热尔曼仍然设法自学一些当时最高级的数学，但她几乎属于能这样进行学习的最后一代。到了20世纪，几乎没有这种可能了，除非是具有超凡数学直觉的天才，就像自学成才的印度数学家拉马努金那样。安德鲁·怀尔斯当然不是自学成才的，他历经多年的正规教育。如今，即便是在数学上最有天赋的人也需要多年的正规教育，来了解一些问题、技巧以及该学科的传统。几乎人人都能解决诸如费马大定理之类前沿问题的那种“业余”数学的时代，早已一去不复返。

尽管如此，作家们不时地会继续为那些设法从另一人的文稿中学习数学的个人虚构生平活动，好来理解并扩展他们的工作。这样的故事，一个是安娜·麦格雷尔笔下的《爱因斯坦夫人》，另一个是戴维·奥伯恩新近的剧作《证明我爱你》。在这两个故事中，女主角都是数学家的女儿（这种情况我们在现实生活里已经见过），她们设法自我教育，以达到她们父亲研究成果那般的高水平。很不幸，现代数学的现实是，这样的成绩如今极不可信。

究竟为什么学数学？

考虑到数世纪间人们投入了大量的精力进行数学教学，那么就此问一句“为什么？”似乎有些不合常理。不过，随着时间流逝，这个问题的答案已经发生了很大的变化。公元前二千纪的苏美尔文本清楚地表明，识字与算术对社会的合理管理至关重要，尽管对“F号房屋”那庭院里狭小长凳上的男孩们来说，这似乎是个有点遥不可及的想法。

两千年后，在13世纪意大利的算盘学校里接受教育的男孩们，像过去巴比伦的那些同龄人一样，学习处理数字、重量和度量，只是出于不同的原因：并非为了整个社会的利益，而是为了使自己作为个体更适合人们期望他们从事的商业冒险。罗伯特·雷科德为《通往知识之路》一书作了序，还为需要几何知识的特定手工艺和职业列了份长长的名录，序言及名录再次体现了数学技能对于个人的价值。

然而，在雷科德的著作中，我们也瞥见了学习数学的另一个原因：激发智慧，也就是锻炼思维能力。雷科德并不是第一个提出如此建议的人。一些数学难题归在了公元8世纪的那位老师阿尔库因名下，而被称为“阿尔库因用于考验年轻人的命题”。此后，一直存在着应当学习数学来提高思维能力这样的观点，就像学习拉丁语或希腊语那样。毕竟，日常生活所需的数学，比如基本的计时与计账，大多数人在童年的末期就已经掌握了。很少有成年人要用到毕达哥拉斯定理，或者需要求解二次方程以及把一个角二等分，但几乎所有人都曾经学过这些。人们可以（而且我也会）争论说，学习一门外语或者研究历史同样可以促进记忆力以及推理与分析能力的开发，但这些学科从未有过数学所获得的声誉，并且眼下它们在英国的学校课程中只是选修科目，而不是必修。

也许正是因为数学这种纯粹的持久生命力，才使它成为面向每一个现代儿童的教育中不可或缺的一部分。还有一种情况，即那些想触及该学科前沿的人，需要从年轻时就起步并定期练习，就像年轻的音乐人那样。

第五章

靠数学谋生

任何想开辟新天地的数学家都需要时间来思考，来涂涂写写，也需要某种形式的经济支持。不妨让我们暂且来回顾下在第一章中遇到的那些人。我们不清楚丢番图是如何谋生的，也许他靠教书过活，就像许多有数学才能的人那样。在费马之前的时代，许多享有盛名的数学家都曾教过数学，但通常只是作为第二职业：吉罗拉莫·卡尔达诺和罗伯特·雷科德是医生，尽管雷科德一生中也在造币厂和矿山工作过很久；拉斐尔·邦贝利跟西蒙·史蒂文都曾从事实际的建筑项目；弗朗索瓦·韦达则是位律师、顾问，同费马一样。费马经常被描述成“业余”数学家，但在他所生活的时代很少有专业数学家，因此“业余”这个概念毫无意义。而另一方面，我们只能用专业人士来描述怀尔斯。他受到充分认可，且可以从全职的数学研究与教学中获得报酬。

几百年间，数学家受聘用的方式已经发生了重大变化。一个现代的数学家很可能在教育、金融或工业等行业工作，而所有这些工作都是按照制度组织起来的。有些个人可能也准备好了为数学服务、教学课程或许还有会计技能来支付费用，但他们只会雇用极少的工作人员。公元1世纪时，情况却截然不同。欧洲和亚洲大部分地区的经济与政治权力都集中在君主、主教、哈里发和军阀的手中。那些想靠知识方面（包括数学在内）的才能来过活的人，明智地将自己置于一位资助人名下，后者有足够的实力为他们提供资金支持并保护他们。这种资助可以采取多种不同的形式。本章中，我们首先将看到它在三位学者的生活中所发挥的作用。10世纪至11世纪，他们生活在伊斯兰所统治的地域内。

资助方式

塔比·伊本·库拉于公元826年出生在哈兰镇，那里离现在土耳其与叙利亚两国的边界非常近。他早年在那里做货币兑换生意。他不是穆斯林，而属于当地的萨比教派。就在几年前，阿拔斯王朝的哈里发马蒙在巴格达建了座图书馆，它被称作拜特希克玛（意为“智慧宫”），用来保存希腊语、梵文或波斯语的文本并将其翻译成阿拉伯语。巴格达数学家穆罕默德·伊本·穆萨从拜占庭返回时路过哈兰。伊本·库拉在母语叙利亚语之外对希腊语和阿拉伯语的了解，也引起了他的注意。可惜我们不清楚这次会面的日期，但可以推测伊本·库拉当时还比较年轻，因为他应伊本·穆萨的邀请搬到了巴格达。在那儿，他师从伊本·穆萨和他的两个兄弟（世称穆萨家族），学习数学和天文学。

在随后的几年中，伊本·库拉成了巴格达最受尊敬的学者之一。他的文章涉及医学、哲学和宗教，不过如今他却因在数学与天文学方面的工作而广为人知。他把阿基米德的若干论著译成了阿拉伯文，还广泛地就阿基米德所感兴趣的主题写了不少文章，比如力学，以及与弯曲形体的面积、曲面或体积相关的问题。他对托勒密的《天文学大成》进行评注，并撰写关于球形几何和天文学的文章，尤其涉及了太阳的运动与视界高度、月球与当时已知的五个行星的运动。他还深入研究了欧几里得的《几何原本》，并试着证明欧几里得公设中关于平行线的那一条。而在17世纪的牛津，人们再次尝试证明这条公设。伊本·库拉也给出了他自己关于毕达哥拉斯定理的证明，其中一个证明如图8所示。

伊本·库拉一直待在巴格达，直到公元901年去世。他跟穆萨兄弟的情谊保持了许多年，而且还教过伊本·穆萨的儿子。他在生命的最后十年中成了哈里发穆塔迪德的宫廷常客。根据12世纪时作家基夫提一条传记式的简述，他与哈里发关系亲密，所以被允许“在他所希望的任何时候坐在哈里发面前”。后来，他

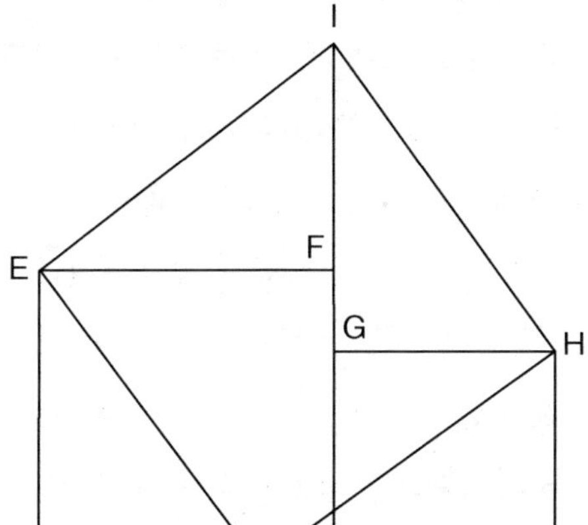

图8　塔比·伊本·库拉关于毕达哥拉斯定理的证明：一个借助简单分割与粘贴的论证，表明 $IHBE = EFCA + GHDC$

的儿子锡南和两个孙子凭借各自的能力成了著名的学者。在伊本·库拉为人所知的一生中，我们可能会发现两个关键特点。一个是在朋友及家人之间建立起来的教学网络，如此一来就把伊本·穆萨的家人与伊本·库拉的家人联系了起来。这种亲密的人际关系，在撰写本书时已经得到多次留意。第二个特点，尤其就伊本·库拉所处的时代与地域来说，是先后由穆萨家族及哈里发本人所提供的庇护和资助。

伊本·库拉去世七十年后，另一位学者阿布·雷汗·比鲁尼（世称"比鲁尼"）在伊斯兰统治地域的另一端出生，来到了一个不太稳定的世界。他出生的那座村镇在阿姆河（又称奥克苏斯河）畔，位于今天乌兹别克斯坦境内，如今就被称作比鲁尼。他师从数学家、天文学家阿布·纳斯尔·曼苏尔，此后便一直跟随老师工作。他年轻时已开始通过观测太阳来计算当地城镇的纬度，但这种研究活动在公元995年内战爆发时被打断了，而他也被迫逃离。从他对日食及月食的精确观测，我们可以了解他在接下来三十年中广泛的活动轨迹。他有时在里海以南的地区工作，那里靠近现今的德黑兰。据悉他曾把一篇关于编年的著作呈献给了齐亚尔王朝在该地区的统治者伽布斯。其他时间，他在自己的家乡一带生活，起初处于萨曼王朝的统治者曼苏尔二世的庇护之下，后来在阿布·阿拔斯·马蒙的庇护下过了十四年。

最后这段相对稳定的时期于1017年结束了，当时那里被以现今阿富汗东部为中心的伽色尼王朝占据。比鲁尼似乎已被俘虏，后来在喀布尔附近或往南约一百公里的加兹尼住了许多年。他同苏丹马哈茂德的关系尚不清楚：他抱怨受到了虐待，但后来他在进行一些研究时又得到了支持。他还能前往当时同属伽色尼王朝治下的印度北部，并撰写了大量关于这一地区及其宗教、习俗和地理的文章。1030年，马哈茂德去世后，其子马苏德成了比鲁尼在伽色尼王朝的第二位庇护人。马苏德于1040年被谋杀后，其子马杜德成了他的第三位庇护人。比鲁尼本人于1050年在加兹尼去世。

在因朝代更迭而受困扰的一生中，比鲁尼是一位坚定的学者和多产的作家。他的作品约有一半是关于天文学和占星术的，其他则涉及数学、地理、医学、历史和文学。不幸的是，他的作品中只有一小部分留存了下来。

我们要介绍的第三位数学领域的学者，是奥马尔·伊本·易卜拉欣·尼萨布里·海亚米，他在西方更广人知的名字是奥马尔·海亚姆。比鲁尼去世前不久，他出生在伊朗东北部的尼沙普尔。他的名字表明他来自一个制作帐篷的家庭。此时，伊朗地区已经处在源自突厥的塞尔柱王朝统治之下。海亚米年轻时往东到了撒马尔罕，在那里写了一篇关于等式的重要论文，并呈献给了首席法官阿布·塔希尔。后来他在伊斯法罕度过了很多年，在苏丹马里克沙及维齐尔尼扎姆·莫尔克的资助下，他在那里监造天文台并负责编制历法。与此同时，像之前的伊本·库拉一样，他也对欧几里得的《几何原本》写了评注。不幸的是，在尼扎姆·莫尔克被谋杀，马里克沙去世之后，天文台于1092年被关闭。统治者几经更替后，海亚米最终离开了伊斯法罕。他在大致位于伊斯法罕和撒马尔罕之间的梅尔夫待了一段时间，最后回到尼沙普尔，并于1131年去世。

我禁不住把他的《鲁拜集》中的一首四行诗收录进来。这不是维多利亚时代爱德华·菲茨杰拉德的译文，而是来自1998年沙赫里亚尔·沙赫里亚里的译本：

> 秘密你我永远不知；
> 而且谜底你不知，我也不知；
> 在迷雾后面有着许多与我们有关的话题，
> 可为什么迷雾消散时，你我都未留下。

这三个精简的案例研究尚未讲述中世纪时期伊斯兰诸王朝治下数学实践的全部内容，但至少呈现了几个普遍性的主题。主题之一是，就在几个世纪前，地中海东部周边无论何处都可以找到来自希腊的数学作家，但在希腊本土却很少见，所以那些用阿拉伯语来记述数学的人散布在一个更广阔的区域：从现在的土耳其到如今的阿富汗，尽管不是在阿拉伯本土上。出于这个原因，历史学家更乐意将这些作家称为“伊斯兰的”，而不是“阿拉伯的”。但正如伊本·库拉的例子所示，并非所有人都是穆斯林，他们的数学著作也与他们的宗教观点无关。尽管如此，他们所有人都生活在由伊斯兰教习俗和文化占主导地位的社会中，因此“伊斯兰的”这个标签可能比其他的都要好。

随之而来的第二个主题是在一个统治者和王朝都迅速更迭

的世界里学术研究的不稳定性。对一个有天赋的男孩或年轻人来说，自己的数学能力得到认可并受到培养，已经是一个事关机会与境遇的问题，就像伊本·库拉和比鲁尼所遭遇的那样。此后，其学习或游历的能力可能在很大程度上取决于统治者的青睐以及资金支持，而统治者自己的未来可能还远未得到保障。单就享有或维持来自对立王朝庇护人的关心而言，比鲁尼看起来在这方面尤其出色。尽管存在这些困难，但其中一些学者的产出却是丰富且多样的。那些在天文学与占星术方面有过著述的人，他们的文章可能还涉及球面几何与三角学、欧几里得的《几何原本》或其他希腊著作者的作品，又或与算术和代数、地理、历史、音乐、哲学、宗教或文学有关。

最后，人们或许会问这种格局对资助者来说意味着什么？不同的个案有很大的差异。在伊斯兰社会中，确实没有单一的词汇能用来形容这里被称为“资助”的关系。正如我们从中国及欧洲的情况中已经看到的那样，统治者往往重视数学上娴熟的人，因为他们有计算吉日的能力。某些情况下，统治者也可能希望长期甚至永久受益于他们对此类善举的支持。此外，拥有有才智的人的服务与陪伴既是享乐的源泉，又是声望的象征。

从大约12世纪末开始，学者们就能够更频繁地在受资助的教学机构马德拉萨获得有薪酬的职位，个别统治者的心血来潮或个人偏好所施加的影响因而减少。不过，为了更仔细地研究从受资助向职业工作的转变，我们现在转向年代稍晚一点的英格兰。

从受资助到职业化

在英格兰，从1580年到1620年的这四十年是一个过渡时期，此时资助仍然存在，但我们也可以看出这方面在向公共责任制薪酬职位发展的最初迹象。托马斯·哈里奥特、威廉·奥特雷德及亨利·布里格斯这三位的职业生涯，说明当时对英格兰有数学天赋的人来说存在一些可能性和机会。

托马斯·哈里奥特生于1560年，1577年至1580年前后在牛津大学学习。他没有获得数学学位（当时还没有学位一说），但可能已经从导师或他自己的阅读中学到了一些东西。更好的证明是他对探险和航海的兴趣，这似乎也是他从牛津大学学到的，可能经由冒险家理查德·哈克卢特的讲座。16世纪80年代，哈里奥特受到沃尔特·雷利的资助，当时后者对美洲潜在的殖民地非常感兴趣。1585年，哈里奥特在由雷利资助的航行中抵达现在的北卡罗来纳海岸。长达一年的探险以失败告终，但这次探险让哈里奥特和朋友约翰·怀特带回了大量有用的信息，以及一些关于该地区人和动植物种群的漂亮图画。不幸的是，他也带回了对烟草的嗜好，这最终使他丧命。

出行前，哈里奥特受聘于雷利，向水手们教授航海技术，不过他所写的文本现在已经不幸丢失。他回国后继续在雷利的资助下生活，起初住在雷利位于爱尔兰（另一处殖民冒险地）的庄园，后来住进了雷利在伦敦的居所——泰晤士河畔的达勒姆宫。哈里奥特正是在达勒姆宫的屋顶上进行了他早期的自由落体实验，比较了金属球和蜡球的下落速度。哈里奥特与雷利的关系一直很密切，直到1618年雷利被执行死刑的那一天：雷利在行刑台上的遗言，如今还以哈里奥特手稿的形式留存在他的个人文稿和数学论文中。不过到了16世纪90年代初，哈里奥特有了第二位资助人，诺森伯兰郡第九代伯爵亨利·珀西。哈里奥特在珀西位于伦敦的居所泰晤士河畔米德尔塞克斯的塞恩宫，或在他的乡间居所萨塞克斯郡佩特沃斯宫度过了余下的三十年。不幸的是，哈里奥特的两位资助人都没有成功躲过当时政治与宗教上的紧张局势：珀西同雷利一样，在伦敦塔里被关了许多年。尽管如此，珀西还是给哈里奥特提供了一份收入以及从事他所选择的任何研究的自由。哈里奥特从未对航海问题失去兴趣；他后来也转向天文，而且与同时代的伽利略一样使用望远镜观察太阳黑子和月球陨石坑。他通过牛津的一位朋友纳撒尼尔·托波利设法获得了韦达的数学著作（这些著作后来深刻地影响了费马），因此成为世界上最早一批重视并推广正发展于法国且令人兴奋的新数学思想的人之一，当然，他也是第一个这么做的英格兰人。

哈里奥特没有发表他的发现。有了一份稳定的私有收入，他就无须证明自己或以此谋生。他也没有教书，尽管他确实在朋友圈子中讨论过自己的想法。就某种意义来说，哈里奥特的工作没有多少直接影响；他当然没有像后来的伽利略那样引发知识领域的震动。另一方面，他从事所选工作的自由，使他能探索广泛的主题（其中一些甚至相当神秘玄奥），并使他的研究得出了一些重要的结论。现代术语将此称为“蓝天研究”。哈里奥特的工作成果原本可能很容易就会丢失，但幸运的是，他在同时代的人中的声誉是如此之高，以至于他于1621年去世后，他的文稿得以保存，其中一些思想许多年间都继续在他的后继者中流传。在这个意义上，可以说哈里奥特鼓励了数学讨论以及对数学与科学研究的尊重，尽管是以间接的方式，而正是这些特征塑造了半个世纪后初创的皇家学会。事实上，哈里奥特的声望使皇家学会在最初的十年里不止一次地鼓动人们搜寻他遗存的文稿。

威廉·奥特雷德在创造性上不及哈里奥特，但他在某些方面对于日后英国数学的繁荣来说却与哈里奥特同样重要。奥特雷德生于1573年，只比哈里奥特小十几岁，却多活了约四十年。从1610年或更早些时候开始，奥特雷德在萨里郡的奥尔伯里做牧师；他后来除了偶尔造访伦敦外似乎再也没有离开过那里。作为一名既教少儿也教成人的数学老师，他逐渐变得有名望起来。他像哈里奥特一样，也有一位贵族资助人，即阿伦德尔伯爵托马斯·霍华德。这位伯爵在西霍斯利的乡间居所距离奥尔伯里只有几英里。奥特雷德教霍华德的儿子威廉，同时也教当地其他的贵族子弟。通过霍华德，他还遇到了这个家族中的一位亲戚——查尔斯·卡文迪许爵士。这位爵士被证明是英国数学在这一时期的一位重要人物。卡文迪许并不特别擅长数学，但出于某种原因而对它着迷。他热心地收集并试着理解最新的书籍和文稿。比如，他在哈里奥特去世后复制了哈里奥特的手抄本全文，尽管他自己也承认“我怀疑我理解不了所有内容”。正是卡文迪许从法国给奥特雷德带去了韦达的作品，就像早前托波利将韦达的作品带给了哈里奥特那样。

也正是卡文迪许鼓励奥特雷德写了第一本教科书，专门给他的学生——十四岁的威廉·霍华德。这本书于1631年初出版，以其简称《数学的钥匙》而闻名，并且不断印行，有了五个拉丁语版本以及两个英文译本。书中内容比较基础，是算术与代数的入门知识。不过，早前雷科德的教科书至那时已有近一个世纪的历史了，所以人们迫切需要一些新鲜的东西。多年内战之后，当牛津大学任命新教授时，碰巧两位教授都是奥特雷德的学生或读者。他们立即将《数学的钥匙》一书引入牛津，这是这所大学付印出版的第一本数学书。几乎每一位17世纪时有名的数学家，以及许多不知名的数学家，都由这本书迈出了他们的第一步。他们之中有克里斯托弗·雷恩、罗伯特·胡克和艾萨克·牛顿。因此，尽管奥特雷德本人在数学上从未取得过任何重大的进展，而且仅在相对基础的水平上进行教学，但他像哈里奥特一样，在现代英国的早期间接地激励了数学专业知识的传播与发展。

然而，假如没有亨利·珀西、托马斯·霍华德和查尔斯·卡文迪许这三位贵族的鼓励与支持，那么哈里奥特和奥特雷德都做不了他们所做的事情。卡文迪许家族的一位后人在剑桥有一间以自己的名字命名的实验室，而珀西家族和霍华德家族则通常与科学或数学没什么关联。尽管如此，如果没有这三人的信任以及在知识与资金方面的支持，那么这个具有相当规模的数学界于17世纪上半叶在英格兰的兴起可能还需要比实际更长的时间。

同时，与上述事例相比，我们不应该忽视同时代的某些其他发展。1597年，商人、金融家托马斯·格雷欣留下的一笔遗产，被用来开设了天文学、几何学、医学、法学、神学、修辞学以及音乐这七个公开讲席（一周七天，一天一个学科）。格雷欣学院（延续至今且仍在提供公开讲座）在壮大伦敦数学界方面发挥了自己的作用；而17世纪50年代的讲座之后所召开的那些会议，帮助推动了若干年后皇家学会的建立。格雷欣学院的讲席开设二十年后，亨利·萨维尔在牛津大学创立了几何学教席与天文学教席。多年间，格雷欣和牛津之间常有教职人员流动，尤其是格雷欣学院的第一位几何学教授亨利·布里格斯后来也成了牛津大学的第一位萨维尔几何学教授。

布里格斯来自约克郡的哈利法克斯，年岁与哈里奥特几乎相当。他于1577年进入剑桥圣约翰学院；同一年，哈里奥特在牛津注册入学。但与哈里奥特不同的是，布里格斯始终在大学里发展职业生涯。他在剑桥先教授医学，后来教授数学，然后于1597年转至格雷欣学院。他在学院工作了二十多年，直至接过牛津大学的萨维尔教席。他在这个职位上一直工作到1630年去世。

布里格斯与哈里奥特构成了一对非常有趣的组合：在这一时期的数学史上，一个令人着迷但悬而未决的问题就是他们二人是否曾经见过。这两人应该是碰过面的。在1600年前后，布里格斯和哈里奥特一样，对航海问题非常感兴趣。1610年，哈里奥特在观测太阳黑子，布里格斯则在观测日食、月食。1614年，约翰·纳皮尔提出了对数这项“奇妙的发明”，此后哈里奥特和布里格斯很快就都知道了。布里格斯立即前往苏格兰拜访纳皮尔，并帮助后者进一步发展自己的工作；哈里奥特不再长途旅行，毕竟他已经重病在身，不过，他就对数做着笔记，而且几乎肯定意识到了对数与他自己早期的许多工作有着紧密关联。

人们不禁会想，布里格斯可能跟哈里奥特有过富于成果的长谈，就像同纳皮尔对话那样。这样的场面之所以可能容易出现，是因为在哈里奥特生命的最后二十年中，他俩的居所相距不远：哈里奥特住在塞恩宫，布里格斯住在主教门附近，距伦敦塔都仅有一英里；而哈里奥特正好定期在伦敦塔同雷利和珀西会面。然而，没有证据表明他们的生活曾经有所关联。他们的朋友圈子和影响范围完全不同：布里格斯受雇于一家公共机构，而哈里奥特则在家里为自己工作。1622年，也就是哈里奥特去世后的第二年，布里格斯发表了论文《经由弗吉尼亚大陆通往南海的西北航道》。这篇论文肯定会引起哈里奥特的兴趣。而布里格斯的《对数的算术》直到1624年才发表。17世纪20年代，布里格斯确实与哈里奥特的朋友纳撒尼尔·托波利有过接触，并且得知了为出版哈里奥特一些论文所做的尝试。不过布里格斯本人于1630年去世，也就是哈里奥特的遗作《应用》得以出版的前一年。因此，在发表作品方面，就像生活中那样，他们二人的航迹紧密相连，但冥冥中却又失之交臂。

哈里奥特与布里格斯的生活，呈现了在更有年头的资助习俗和专业数学家的新式生活之间鲜明的对比。后者从明确的职责获得适当的回报，尤其是在教学方面。当然，后者是未来之路。

机构、出版物与会议

约瑟夫-路易·拉格朗日是18世纪最杰出的数学家之一。他的一生概括了在布里格斯和哈里奥特过世一百五十年之后，西欧一位才华横溢的数学家所面对的新机遇。1736年，拉格朗日出生在都灵的一个法意混血家庭（他的洗礼名叫朱塞佩·洛多维科·拉格朗日亚）。他十七岁那年发现了自己对数学的偏爱，两年后便受命在都灵皇家炮兵学校任教。此时，拉格朗日还是同家人一起住在家乡，但在心智上已经开始向往更远的地方。拉格朗日在赴任前不久，将自己的一些工作成果寄给了柏林的莱昂哈德·欧拉。欧拉此时是普鲁士皇家科学院数学部的主管。拉格朗日后来又给欧拉寄去更多的信件，这让他很快当选为科学院的外籍会员。同时，拉格朗日和另一些人在都灵成立了他们自己的科学学会。这是18世纪50年代在西欧城市得以成立的众多类似学会中的一个，也是今天都灵科学院的前身。

科学协会与学术机构的兴起是18世纪思想文化史的典型特征之一。伦敦皇家学会成立于1660年，巴黎科学院成立于1699年。接着在1700年，普鲁士科学院成立，并于1740年改组为柏林皇家科学院；而圣彼得堡科学院则在1724年以巴黎模式成立。这些机构为少数数学家及科学家提供了职位；更重要的是，他们的例行会议为展示并讨论新兴研究提供了一个论坛。提交给此类会议的论文，随后会在学术性的学报或论文集刊上发表。这个过程可能要花些时间，但论文合集最终都将寄送给遍及欧洲的读者；而且有许多重要的交流通过学术期刊的版面得以进行。拉格朗日将他早期大部分的研究成果发表在《都灵科学论丛》上，这是他自己所在的都灵学会的刊物。

巴黎科学院还建立了为解答问题提供奖励的传统，回应期限为两年。拉格朗日两次参赛获奖，一次是在1764年（解释了"为什么月球总是以同一面朝向地球"），另一次是在1765年（就回答"木星卫星的运动"问题而获奖）。因此到这时，他已经为欧洲著名的数学家们所熟知并受到他们的尊重。比如，早前曾担任《百科全书》科学编辑的让·勒朗·达朗贝尔，就努力为他寻求在都灵以外的职位。1766年，欧拉离开柏林前往圣彼得堡科学院，并提议为拉格朗日在俄国争取一席之地，但拉格朗日反而接受了欧拉在柏林科学院的旧职位。

欧拉与拉格朗日的长期关系始于拉格朗日二十岁之前，所以两人之间既密切又有距离。作为18世纪最多产的数学家，欧拉提出了一个又一个出色而直观的想法，但他在着手处理下一个引发其想象的问题之前，并不总会在这些想法上逗留足够长的时间来研究。经常跟随其后并将半成品的想法转变成合理而优美的理论的人，正是拉格朗日。尽管如此，他俩却从未真正见过面。的确，拉格朗日把欧拉看作自己的前辈和上级，而始终对他恭敬有加却保持着距离。他拒绝直接同欧拉竞争1768年的巴黎奖（关于"月球的运动"），尽管他们最终在类似的一个主题上分享了1772年的奖项。拉格朗日在柏林待了二十年，其间，他在《学院集刊》上（用法文）广泛地发表文章。

腓特烈大帝做了大量的工作来支持柏林科学院。国王过世后，拉格朗日再次迁居，这一次他是前往巴黎科学院，并于1787年抵达那里。两年后，法国的每一家机构都因革命而陷入混乱，不过拉格朗日在那几年设法保住了自己的性命和声誉。1795年，这所科学院被关闭并由国家研究院所取代；拉格朗日则当选为部门主席，该部门负责物理与数学科学。与此同时，大革命对训练有素的教师及工程师的迫切需求促使新的机构得以成立，特别是1794年的巴黎综合理工学院和1795年的巴黎高等师范学院。拉格朗日在这两所院校执教。综合理工学院成了19世纪初巴黎最负盛名的教育机构。任何人，只要学过超出中学水平的数学知识，几乎都会熟悉如下人名：拉格朗日、拉普拉斯、勒让德、拉克鲁瓦、傅立叶、安培、泊松以及柯西。所有这些人都曾在综合理工学院创建初期任教或组织过考试。此外，学校以“书册”的形式发布其课程讲义；这些讲义在整个法国被用作教科书，特别是在那些想被录取为学生的人中。

拉格朗日于1813年离世。在其职业生涯的前三分之二阶段，也就是在都灵和柏林两地，他为所在国家的科学院及其各自的期刊、机构做出了贡献，并从中受益。这些院所做了很多工作来促进新研究的创建与传播。在巴黎的最后几年，拉格朗日看到了一种新式机构的兴起。这种机构旨在为最有才能的学生提供高水平的数学和科学训练。与大学不同，巴黎综合理工学院提供一种重点突出且紧密贴合实用的教育，这将使其毕业生有能力巩固大革命的成果及后来拿破仑帝国的利益。

如果机构的历史看起来有些缺乏人情味，那么我们还可以关注贯穿拉格朗日一生的他与他人密切的人际关系，尤其是他同欧拉和达朗贝尔的关系。拉格朗日过世后，他的门生，家族中一位朋友的儿子奥古斯丁·路易·柯西刚刚开始自己漫长的职业生涯，并在日后成为法国数学界的领军人物，直到1857年去世。从17世纪后期的莱布尼茨到伯努利家族，从欧拉到拉格朗日，再到19世纪中叶的柯西，我们可以追溯出西欧数学界中体现个人友谊与协作的不间断的链迹。

至拉格朗日去世时，他早前的居住地柏林正在发生变化。威廉·冯·洪堡于1810年创建了柏林大学，这是一所不只简单传授累积的知识而是鼓励并促进新研究的机构。德国的大学教授可自由决定自己的职位，并由此来确定其院系的方向与重点。研究团队、研讨会及博士训练等制度都于1900年以前创设于德国的大学，如今被世界上每一所大学或多或少地模仿。从这个意义上讲，包括安德鲁·怀尔斯在内的所有致力于学术的数学家都是19世纪德国的产物。

数学研究成果的发表也在发生变化。在17世纪和18世纪，数学文稿的主要发布渠道是学术期刊。第一份印刷版的数学论文出现在1668年的《皇家学会哲学汇刊》上，由当时的学会主席威廉·布龙克尔撰写。那篇论文只有四页，并同关于《化学、医学与解剖学方面的细节》《每年满潮的种类》这两份给编辑的信件以及一些有关新书的杂项布告列在一起。期刊后来就组织得更好了：例如《博学通报》为医学、数学、自然哲学、法律、历史、地理及神学分别开设了单独的版面；但在整个18世纪，在科学期刊上发表的主题十分多样，数学只是其中之一。

第一种专门的数学期刊——《纯粹数学与应用数学年鉴》，由约瑟夫·热尔冈于1810年在法国创刊并担任编辑，因而也被称为“热尔冈期刊”。这里要注意的是，直到那时，在纯粹数学与应用数学之间还没有出现任何正式意义上的区别。“热尔冈期刊”仅发行至1832年；当时有份相同标题的德语期刊，由奥古斯特·克雷勒于1826年创刊。德文版《纯粹数学与应用数学》（也称为“克雷勒期刊”）一直延续至今。同样，约瑟夫·刘维尔于1836年开始编辑法文版的《纯粹数学与应用数学》（又称“刘维尔期刊”），接替了“热尔冈期刊”。自那时起，数学期刊的出版便蓬勃发展且数量越来越多：如今，期刊不再致力于数学整体，而是专注于该学科的各个分支。我所喜欢的一份期刊是《不适定问题与逆问题》，而除此之外还有数百种之多。

专门机构、入学考试、长期训练、专业期刊、专业学会以及定期会议，是包括数学在内的所有现代专业学科的典型标志。在拉格朗日的时代，还没有国际性会议或者哪怕全国性的会议；但如今确实有了，而且至少占用了所有致力于学术的数学家的部分时间。特别是，数学家们随时准备庆祝彼此的重要生日，这是该学科强大的社会凝聚力的另一个标志。

第一届国际数学家大会于1897年在苏黎世召开，有数个欧洲国家的代表和美国代表出席了会议。1900年，万国博览会在巴黎举行；同一年，也是在巴黎，召开了第二届国际数学家大会。这一届因德国数学家戴维·希尔伯特所作的报告而广为人知。他概述了二十三个问题，并希望数学家们能在新世纪解决这些问题（尽管证明费马大定理并非其中之一）。1900年以后，大会每四年举行一次，第一次世界大战和第二次世界大战期间除外。不过，在20世纪20年代，德国、奥地利、匈牙利、土耳其和保加利亚的数学家被排除在外；另一些人反对这个裁决并缺席会议，这引发了关于这些会议“国际性”的争论。

一份主办城市的名录，讲述了会议自身关于数学研究日益全球化的故事。直到20世纪60年代，每一届大会还都是在西欧、加拿大或美国召开的；但1966年的那届在莫斯科举行，1982年的那届则是在华沙。第一个主办会议的亚洲国家是日本，那是在1990年；2002年中国成为主办方，2010年则是印度。怀尔斯在他的家乡剑桥宣布费马大定理的证明时，可以很容易地同最近三届大会的所在地，即北京、马德里或海得拉巴的与会观众交谈。如今，数学不仅是一门高度专业化的学科，而且是一门完全国际化的学科。

眼下，我们已经到达数学金字塔的顶端。这是个互相之间联系紧密的专业人士社区，并且已经与“数学”和“数学家”这两个词汇联系在一起。自学龄孩童往上，都有正常学习数学的人。不过，比起这些群体的人数，这个专业社区太小了，而其中女性的人数甚至更少。人们会困惑，为什么女性占比仍旧如此之低。对于这个问题并没有简单的答案。但我们应该记得，就像在大多数职业领域里那样，规则都是由男性并且都是为男性制定的；或许是某些女性发现金字塔顶端的空气有些稀薄，而同伴并不总是志趣相投。我们是否把精英数学留给精英历史学家，这无关紧要。就像数学本身已历经许多典型事件那样，数学生活同样以多种形式存在着，没有一种比另一种更合理或更正确。

第六章

进一步了解数学

到目前为止，我回避了过多地讨论数学的技术细节，本章中我们也不会做深入探讨。不过，数学史学家不但要融入过去的数学文本背后的社会环境，而且要尽可能地融入其内容。但这说起来容易做起来难。在某个层面上，过去的数学与如今对大学生的数学要求相比，可能看起来很容易。对历史学家来说，困难通常不是去了解数学本身，而是进入某人的思想和数学世界，不过此人是来自过去的某个时代。

作为示例，让我们考察一下毕达哥拉斯定理，这个定理至此已在本书中被多次提及。欧几里得对该定理的证明如图9所示。这个证明需要在直角三角形的三条边上画正方形，并将最大的正方形分为两部分，接着要说明其中每一部分的大小分别与两个较小的正方形的大小相同。1847年，奥利弗·伯恩巧妙地用彩图展示了证明细节；如图10所示，那几乎是无言的证明。该证明主要特征之一是其适用于任何直角三角形，无论你如何作画（甚至，戴维·乔伊斯的交互式版本将允许您随意地推拉原来的三角形，只要你固定住其直角）。换句话说，这个证明不依赖于特定的尺寸。其中没有算术，当然也没有代数。这完全符合《几何原本》的风

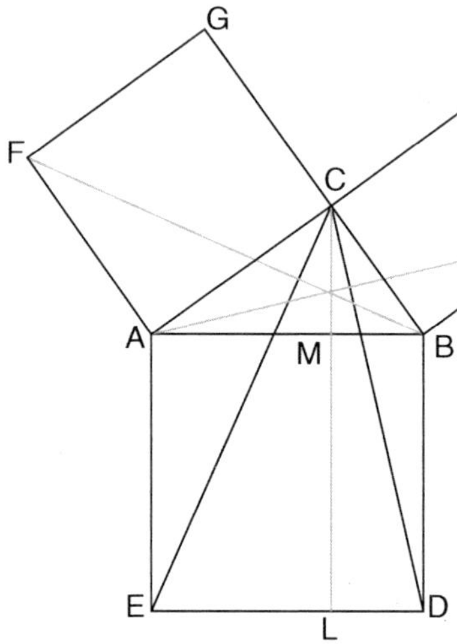

图9　欧几里得对毕达哥拉斯定理的证明：$AFGC = AMLE$ 且 $CHKB = BDLM$

格：欧几里得容许读者用直线和圆规，但不包括辅助计算工具。

塔比·伊本·库拉的证明，如图8所示，同样依赖于经过剪切与粘贴的几何形状，从而说明可以构造较大的正方形来覆盖两个较小的正方形。对欧几里得和伊本·库拉而言，定理及其证明背后的基本直觉都是几何的。

现在来考察一下现代的标记方式，也就是将三角形的边记作a、b、c，接着写下$a^2 = b^2 + c^2$。这是否代表了欧几里得心中的定理呢？某种意义上来说，是的。我们知道，边长为a的正方形，其面积为a^2，所以这个公式恰恰是一种非常简洁的方法，用于对一个几何事实进行概述。甚至在语言中也有连续性：我们用同一个词汇"square"来表示a^2这个量以及正方形这种有四条边的几何形状。但从另一种意义上来看，它就无法代表欧几里得心中的定

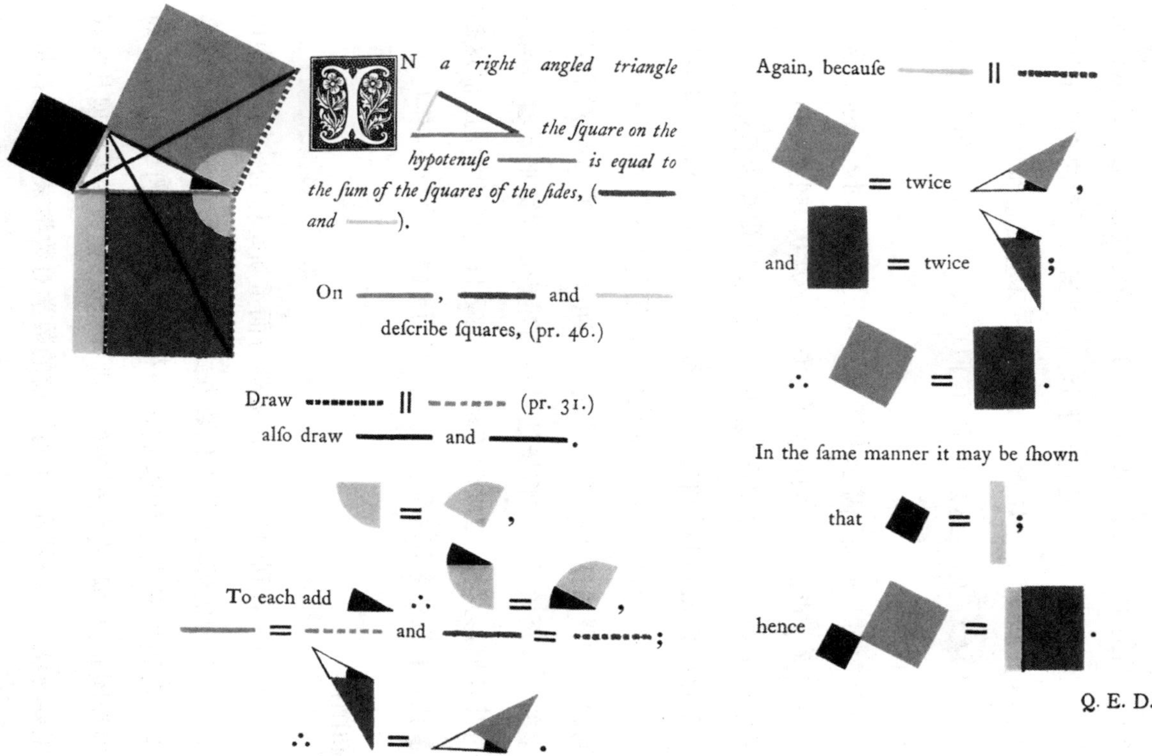

IN *a right angled triangle* *the ſquare on the hypotenuſe* *is equal to the ſum of the ſquares of the ſides,* (*and*).

On , and deſcribe ſquares, (pr. 46.)

Draw || (pr. 31.) alſo draw and .

= ,

To each add ∴ = ,

= and = ;

∴ = .

Again, becauſe ||

= twice ,

and = twice ;

∴ = .

In the ſame manner it may be ſhown

that = ;

hence = .

Q. E. D.

图10 奥利弗·伯恩对毕达哥拉斯定理的证明

理了。这个公式出自一种与欧几里得的数学文化截然不同的数学文化。在这种文化中，我们学会了让字母代表长度；在这种文化中，我们甚至可以忘记几何形状，而根据其自身的规则来运用字母。因此，我们如果愿意，就可以将上述公式重新写作 $c^2 = a^2 - b^2 = (a-b)(a+b)$。这是正确的，但这跟一个直角三角形已不再有明显的相关性。

这种由对几何的洞察到代数运用的转变并非不值一提：学习如何做到这一点需要人们花费不少气力。从历史上看，自几何占主导地位的数学文化转向代数语言开始取得优先地位的数学文化的变化出现在17世纪的西欧。（费马是最早尝试这种可能性的数学家之一，尽管他后来也强烈地抱怨任何偏离传统行事方式的行为。）历史学家深入地研究了这一时期，因为这些变化对于现代数学的发展至关重要。将毕达哥拉斯定理的代数形式看作本质上与其几何形式相一致，就忽略了二者之间的历史鸿沟；而这是众多独立的思想家积累了一代代的努力才跨过的一道鸿沟。

重新阐释

我们刚才看到的是一个在数学方面重新阐释的实例，其中用到了一个几何定理，接着用代数方式对其进行了重新阐释。这是数学家常做的事情。确实，找出一份自己或他人的早期作品，对其进行探究、扩展，在新的条件下进行尝试，是数学家发展其学科的主要方法之一。然而，重写以前的数学对数学家自己而言是一回事，对历史学家们来说却完全是另一回事。文艺复兴时期，丢番图的《算术》一书在欧洲被重新发现，人们意识到书中包含如此丰富的问题，以至于在数学上和历史上都有多种方式来重新阐释这本书。我们先来看一些数学方面的。

我们已经看到，费马是如何扩展书中II.8这一问题的，并就此在三次方甚至更高次幂上进行尝试，就像对平方那样。下面我们将看到17世纪初对丢番图书中另一个问题的另一次重新阐释，这一次是英国数学家约翰·佩尔提出。1611年，佩尔出生在萨塞克斯郡的索斯威克，他与（我们在第五章介绍过的）哈里奥特和奥特雷德生活在同一时代，尽管他比这两人年轻了四五十岁。他先在索斯威克以北几英里处新成立的斯泰宁文法学校就读，后来在剑桥的三一学院接受教育。之后他回到了萨塞克斯并在奇切斯特一所实验学校任教，直到几年后学校关闭。随后，佩尔花了几年时间寻找有薪酬的职位或资助人，但发现二者都不适合他多少有些独特的性情。1643年底，他被委派到阿姆斯特丹文理中学教书；两年后，他受任命执教于布雷达的伊吕斯特学校，并在那里一直工作到1652年。

在此期间，佩尔对丢番图给予了极大的关注。我们之所以知道这一点，是因为17世纪40年代初佩尔结识了查尔斯·卡文迪许爵士（这位我们在第五章也介绍过），而佩尔在荷兰的那些年他们都有往来。他们基于数学的资助关系有自己的形式：卡文迪许阅读数学文稿时，遇到新近任何未能理解的内容，便会请佩尔帮忙；而佩尔则会及时做出回应。卡文迪许显然非常认可佩尔的能力，并期望佩尔出版一些重要的著作，包括就丢番图的《算术》

出版新的版本；对此他写道“我实在太想看了”。可惜的是，佩尔未能完成或出版任何东西。这几乎不合情理，不过有证据表明他至少已开始着手准备这样一个版本。

证据出自佩尔的大量笔记（共有数千页，如今装订成三十余卷并收藏在大英图书馆内）。佩尔对丢番图如此感兴趣的原因是，佩尔发展了一套他认为非常适合《算术》中那些问题的解答方法。该方法是这样的：首先，对于任何问题，在编号行中记下未知量和给定条件；然后，从条件出发进行系统的演算，得出所要求的解答。为了确保演算正常进行，会分出三列，中间窄的那一列用来标行号。对每一行，左边一列包含一个简短说明；右边一列则显示推演结果。整个过程的观感都与现代计算机算法十分相似。

要了解这种方法是怎样应用于古代丢番图的作品的，不妨让我们来看一下佩尔对《算术》中IV.1这一问题的重现：求解两个数，它们的和是一个给定的数，而它们的立方和为另一个给定的数。丢番图提示说，两个数之和为10，而其立方和应是370。这恰好是后来年轻的安妮·戴夫南特在她父亲指导下演算的问题。佩尔则以自己独特的风格解决了这个问题。他的前两行如下所示，其中他把未知数记作a和b。

$a = ?$	1	$aaa + bbb = 370$
$b = ?$	2	$a + b = 10$

接着，佩尔就像丢番图那样引入了第三个数c，并假设$a = c + 5$，因此必然有$b = 5 - c$。这样，下两行便是

$c=?$	3	令 $a=c+5$
$2'-3'$	4	$b=5-c$

其中，$2'-3'$ 只是表示用第二行减去第三行。现在一切就绪，演算可以继续进行了。想了解细节的读者需要明白，佩尔的说明 3′@3 表示取第3行的立方，而 $10'\omega2$ 则是说取第10行的平方根。佩尔偏爱的另一条惯例是，一旦找到所需的值，那么小写字母就换成大写字母。

$3'$@3	5	$aaa=ccc+15cc+75c+125$
$4'$@3	6	$bbb=125-75c+15cc-ccc$
$5'+6'$	7	$aaa+bbb=30cc+250$
$7',1'$	8	$30cc+250=370$
$8'-250$	9	$30cc=120$
$9'\div30$	10	$cc=4$
$10'\omega2$	11	$c=2$
$11'+5$	12	$c+5=7$
$5-11'$	13	$5-c=3$
$3',12'$	14	$A=7$
$4',13'$	15	$B=3$

最后四行用来检查这个问题确实已经正确解出：

$14'$@3	16	$AAA=343$
$15'$@3	17	$BBB=27$

$16'+17'$	18	$AAA+BBB=370$
$14'+15'$	19	$A+B=10$

看起来佩尔计划以这种风格重写《算术》的全部六册内容；但如果他全部完成了，那么如今也看不到他的手稿了。不过，他的方法给同时代的许多人留下了深刻的印象。对此，他的朋友约翰·奥布里甚至发明了一个新的拉丁语动词“pelliare”，意为“佩尔化”。

从上述题例明显可以看出，佩尔不乐意用多余的词汇：19行演算中出现的唯一一处文字是“令”字（实际上他写的是拉丁文“sit”一词）。但如果不用词汇表述，就必须有符号来替代，而佩尔在这方面正是位发明大师。符号“@”和“ω”让左侧一列保持简洁，它们早已不再被使用；不过我们仍在使用佩尔的除法符号“÷”。发明记号是佩尔的特殊才能之一；在这方面，他遵循了当时的一项英国传统中的某些原则。至1557年，罗伯特·雷科德基于两条平行线想出了符号“＝”，“因为除此之外不存在能更进一步相等的两个东西了”。1600年前后，托马斯·哈里奥特新添了不等号“<”和“>”，以及用“ab”来表示a乘以b，这种书写方式如今已成为惯例。1631年，威廉·奥特雷德引入了符号“×”，尽管他很少使用这个符号。他还充满激情地争辩说，符号“把每一步运算及论证的整个方向和过程清晰地呈现在眼前”。显然，这也是佩尔的想法，佩尔的方法使演算过程一目了然，而无须进一步解释。因此，他对丢番图进行“佩尔化”的努力，同17世纪早期英国代数学家们对丢番图及他的《算术》所做的工作相比，更能向我们述说他们的愿望。

立足于历史视角而非数学视角的重新阐释也是如此：比起阐释后的内容，它通常更多地揭示了阐释者本人的信息。例如，数百年间流传的关于代数起源的故事，不仅记录了历史事实，还记录了与阐释同时代的理解。12世纪后期，代数借助于花剌子米所著《还原与平衡》的译本首次来到了西欧的非伊斯兰地区；不过到了16世纪，即使这段早期的历史曾经为人所知，现在也已经被遗忘。尽管如此，即便只从“algebra”和“almucabala”这两个与之相关却听来奇怪的词汇上，也可以辨识出这一主题源自伊斯兰。因此，16世纪早期的作家们将代数的发明以不同的方式归功于“某个才智超凡的阿拉伯人”，有时则归在另一人的名下（实际指贾比尔·伊本·阿夫拉，12世纪时西班牙的一位穆斯林天文学家，其实他与此事毫无关联），或者又归于“Maumetto di Mose Arabo”这样一个名字含混不清的人（一个阿拉伯人，名字是“穆罕默德·伊本·穆萨”的某种译称）。

不过，德意志学者约翰内斯·穆勒于1462年在威尼斯研究过丢番图的《算术》手稿。他经常又被称作雷格蒙塔努斯，这个名号源自他家乡柯尼斯堡的拉丁化名称。三年后，他在帕多瓦讲演时将手稿的内容描述成“整个算术的精华……这些内容今天我们称之为‘代数’，这个名字来自阿拉伯语”。他的讲演直到1537年才发表。但不久之后，其他作家开始接受相同的主题，即代数是丢番图发明的，只是后来被“阿拉伯人”继承了下来。人们可以看到，这样的故事只因被一个希腊的背景赋予了直接的尊重与地位，就可以让人广泛接受。丢番图所处理的问题，无论风格还是内容都与伊斯兰文本中所发现的那些问题不同，这一事实看起来却并没有妨碍任何人认定后者是以某种方式从前者衍生而来。

即便到了今天，人们对西欧从伊斯兰世界继承下来的数学有了更多了解，丢番图有时却仍被认为是代数的奠基人。这是一场可以一直持续下去的辩论，而我们应该尝试从数学上来理解风险是什么。正如佩尔的例子所展示的那样，丢番图确实提出了若干“求解一个未知数”的问题，这些问题用现代的代数方法很容易处理。不过，他还提出了许多其他“不确定的”问题，也就是说那些问题有多个可能的解答。对于这种情况，丢番图通常是满意的，只要他能通过某种特殊的方法给出其中一个解答即可。实际上，他的工作充满了想法，其中有些还非常聪明，可以用于特定的问题；这跟后来伊斯兰代数文本中通用的规则不同。也有暗示说，丢番图书写时用了某套基本的符号标记，比如将一个未知数记为ς，其平方运算则记为Δ^{Υ}。但现在已经有证据表明，这些分别用来表示希腊语词汇“arithmos”（“数”）和“dynamis”（“乘方”）的缩写，是9世纪的抄录员引入的，根本不能归在丢番图的名下。最后，源自《算术》的数学已经被吸收进现代的数论，而伊斯兰的“al-jabr”（代数）文本更直接地引发了代数研究在西欧的兴起。在我看来，“代数”一词应该保留，由参与者自行将规则与流程描述为“al-jabr”或“algebra”；而对于一位在更早且非常不同的传统中工作的著作者，我们也不应把这些词及其所承载的历史强加在他的身上。

谁是第一个……?

我们刚刚研究了这样一个问题,即“谁发明了代数”。这是数学史学家有时会被问起的一个典型问题,他们经常被期望能够说出是谁第一个发现或发明了某些思想。此类问题极难回答,除非是在最简单的情况下。比如以微积分的发现为例,这是一个可用于描述和预测变化的数学分支,如今,它被用于生物学、医学、经济学、生态学、气象学,以及其他所有与复杂的交互系统协同工作的科学。因此,想要了解“谁发明了微积分”并不是不合理的。

这一问题的简要回答是,下述两人几乎同时但各自独立发明了微积分:艾萨克·牛顿的工作是在剑桥完成的,而戈特弗里德·威廉·莱布尼茨则是在巴黎。对现代的历史学家来说,就此不再有任何争议。因为我们有两人的手稿,可以清楚地看到他们的思想是何时并以什么轨迹发展的。我们还可以看到,他们以截然不同的方式开展工作,并且发明了各自的表述和符号表示法(莱布尼茨用了“微分”这个词,而牛顿则用了“流数”;莱布尼茨发明了如今人们所熟悉的运算符“$\mathrm{d}x/\mathrm{d}t$”,而牛顿用的则是现在不大常见的“$\dot{x}$”)。

不过,他们同时代的人对这个故事根本不清楚。基本事实是,牛顿在1664年和1665年(他二十三岁生日之前)发展了他那一版的微积分学,但后来并没用它来做什么。到17世纪70年代初,牛顿已经就他的光学发现同罗伯特·胡克进行了一场知识分子间的小论争，也许他因此不愿再在微积分上冒险。不管怎么说，他的兴趣至那时已经转移到了炼金术上，接下来的十年他都专注于此。然而在1673年，当时居住在巴黎的莱布尼茨开始独立研究一些同样早已激起牛顿兴趣的问题，并于1684年发表了他第一篇关于微积分的论文，随后在17世纪90年代发表了其他论文。牛顿对此似乎并不在意，可能是认为莱布尼茨的早期工作同他自己已取得的研究成果相比微不足道。不过，牛顿的一些朋友却有着不同的感觉。在17世纪和18世纪之交，他的英国支持者开始暗示，牛顿不仅是相关方面研究的第一人，而且莱布尼茨实际上可能是从牛顿那里窃取了他思想的种子。莱布尼茨1675年在伦敦时曾看过牛顿的一些论文，并在1676年收到过不止一封牛顿的来信。只是他从中学到了什么，以及这与他已取得的发现之间有什么关联，除莱布尼茨本人之外就没有人真正知晓了。

牛顿和莱布尼茨两人从直接冲突抽身而出，但都允许双方好战的追随者通过论证来决一胜负。最终，莱布尼茨于1711年向他所属的皇家学会申诉，对这一论争进行裁决。牛顿作为学会主席，成立了一个几乎不需要开会的委员会，因为牛顿已经在忙于撰写此事的报告了。毫不奇怪，这对牛顿有利。而同样不足为奇的是，这并非该事件的结局：论争一直持续到1716年莱布尼茨离世之后。这番论争也解释了，为什么1809年时坎布里亚郡的英国学生乔治·皮特学的是一门名为“流数”而非“微积分”的科目。

这是一段令人不悦的故事，无人能从中全身而退。重述这个故事的重点意在强调，当时对任何人来说就此事件一探究竟有多么困难：毕竟没有一个人掌握了所有的事实；此外，很难厘清这番论争是关于整个微积分还是关于微积分的某些特殊方面（莱布尼茨就指责英国人在这方面转换了话题）；而且，就像争论的方式一样，被牵连进来的一些分歧从来都不是原先论争的内容。不过，这个故事的另一个重点是，真相的终极证据并非来自当时人们所写或所说的东西——这几乎总是不完整而有所偏向的，而是来自数学手稿本身。

在数学领域，两个人差不多同时提出相似的想法并不少见，就像微积分那样。一旦基础工作得以奠定，一位数学家就可以很容易地像另一位数学家那样进行运用；之后划分起贡献来就变得非常困难，特别是当两人彼此之间有一定的联系时。正是出于这个原因，怀尔斯在研究费马大定理的那些年里非常小心地把自己封闭起来。就微积分而言，历史学家有足够的文献证据来弄清到底发生了什么，但情况并不总是如此。19世纪初的两位数学家，即布拉格的伯纳德·波尔查诺和巴黎的奥古斯丁·路易·柯西，也发展了一些非常相似的想法，波尔查诺是于1817年，柯西则是在1821年。柯西是否“借鉴”了波尔查诺的想法呢？波尔查诺的作品发表在一份鲜为人知的波希米亚期刊上，不过这对远在巴黎的柯西来说并非难以获得；另一方面，二人都可以以拉格朗日早期的工作为基础独立开展研究。我们还可以从间接证据来评估柯西的工作方式，他常常从别人那里汲取好的想法并对其进一步详加研究。最后，由于缺乏正反两方面的可靠证据，我们根本无法做出评说。

关于谁是某个发现的第一人的另一个问题，可能是要对我们所认为的这一发现实际包含的内容进行定义。例如，在历史上哪个确切的时点，我们可以说出现了“微积分”，而不是一系列最初对牛顿而后对莱布尼茨逐渐产生意义的思想？正如我们已经看到的那样，与查明缔造者们所知的有用事实不同，要精确地指出代数发端于何处，或者毕达哥拉斯定理在哪里被确立为一条形式化定理，是很困难的。几乎所有新近发展的数学都建立在前人工作的基础之上，有时则是以一些卓有贡献的想法为基础。追溯某项特定技术或定理的先驱人物是历史学家的任务之一，不是为了说明谁是第一，而是为了更清晰地了解数学观念如何随着时间推移而变化。

得出正解

欧几里得的系统性演绎风格，作为数学研究方式的黄金标准已达数世纪之久。在此风格中，每个定理均借助于之前已证明的定理和已约定的定义而得以仔细证明。但即便是欧几里得，也不是绝对可靠的。早在公元5世纪，人们关于欧几里得的其中一个公设就提出了问题，而事实证明这些问题很难回答。这条令人烦恼的公设有时被称为“平行公设”。它可以用不同的方式表述；最简单的说法是，假设平面上有一条直线l，直线外有一点P，那么过点P只有一条直线与l平行。对此我们大多数人都不难接受。由此导出的推论是三角形的内角和为180度。这一点我们大多数人也都不难接受。然而，许多欧几里得的评论者认为，平行公设不应该是公理，而应该是定理；也就是说，应该可以通过其他定义和公设以某种方式加以证明。对此进行尝试的人中就有塔比·伊本·库拉和奥马尔·海亚米；牛津的约翰·沃利斯于1663年也做了尝试。之后，一位原本不为人知的数学家，即意大利北部帕维亚的数学教授杰罗拉莫·萨凯里，在1733年尝试了另一种方法。他研究了如果假设三角形的内角和或小于或大于180度，那会发生什么；当然，他希望结论是荒谬的，那样一来这种假设就不成立。不过他错了。假设内角和小于180度的情况让他得到了一些奇怪但始终一致的结果。

一百年后，俄国喀山大学的教授尼古拉·伊万诺维奇·罗巴切夫斯基以及现属罗马尼亚北部的克卢日镇的亚诺什·鲍耶进一步研究了这些想法（又一个差不多同时获得独立发现的例子）；他们都意识到有可能构建一种数学上可接受但绝非欧几里得几何。这个想法让19世纪的思想家们大吃一惊：一个后果是，没有人知道无限空间本身是欧几里得的还是非欧几里得的，就好比我们顺着街道步行时并不能分辨出地球是圆的还是平的。数学原本应该提供关于世界的无可争辩的真理；但突然之间，这样的真理似乎变得不那么可靠了。

所有这一切的一个后果是，数学家开始更加仔细地研究他们的基本假设。这些假设的正式名称叫“公理”。的确，19世纪末及20世纪初，在回归真正的欧几里得风格的过程中，数学的所有分支都建立在公理基础之上，这样就为它们附上了自希腊时代以来数学所缺失的逻辑上的严密性。在公元前2世纪至公元19世纪之间如此漫长的岁月中，数学在很大程度上是以完全随机的方式发展的。事实是，数学家并非通过建立公理并对其进行逻辑思考来做探究，而是通过如下方式，即对感兴趣的问题做出富有想象力的回应，面向新的方向抛出问题，或者观察明显不同的数学分支如何能以崭新的方式结合起来。当然，他们必须正确地运用自己的技能和经验；最后，他们必须提出被称为“证明”的严密论证，就像怀尔斯在剑桥讲演中所做的那样；但从初始的见解以及随之而来的艰苦工作走到这一步很可能是一段不短的路程。

上一节中，我们讨论了微积分的发现。它根本不是发端于逻辑，这是数学中的一个经典实例。整个想法是以17世纪数学家们所谓的“无穷小量”为基础。然而，关于“无穷小量”不得不问的第一个问题是，它究竟有没有大小？如果有大小，那么它就不可能“无穷小”；但如果没有，那么它甚至就不存在，而且无法以任何合理的方式应用在计算中。这看起来像是在挑剔，更像是在讨论针尖上能站天使这样的哲学命题，而不是在讨论数学。但这很重要，因为“无穷小量”的讨论会迅速地导出矛盾；而且由于数学被认为应该是统一的逻辑大厦，所以哪怕一个单一的矛盾就会使整个大厦垮塌。（正是出于这个原因，如果数学家们要证明某事不成立，通常会像萨凯里那样故意去设立一个矛盾。这一技巧被称为“归谬法”。）

牛顿和莱布尼茨都深知“无穷小”的悖论并各尽全力来处理，牛顿从正面应对，而莱布尼茨则从侧面迂回。继他们之后的那些人，即不单数学家，还有受过良好教育的公众，对此也有所了解。例如，乔治·贝克莱主教在他那本名为《分析学家：致一位异教徒数学家的演讲》的书中问道："在宗教观点上如此谨慎入微的数学家，在他们自己的科学里是否也完全一丝不苟呢？他们是否不屈从于权威，而是信任别人所叙述的事物并相信不可思议的观点？"这种担忧是否会让数学家们停滞不前？答案是不会，因为在微积分发展的初期，他们已经意识到它有多么强大，并忙于将其应用于光线、悬垂链、自由落体、振动弦以及物理世界的许多其他现象之上，并且取得了巨大的成功。他们几乎不会因为一个被其视作形而上学方面而不是数学上的困难来放弃这一切。大约用了一百五十年时间，这一问题才得以解决至大多数人满意的程度；解决方式有些过于技术性，就不在这里讨论了。然而，同样是在这一百五十年间，数学超越了所有人的期望，尽管其基础并不稳固。

19世纪也有类似的故事。1822年，巴黎综合理工学院的讲师约瑟夫·傅立叶发表了一篇关于热扩散的论文，即他的《热的分析理论》。文中，傅立叶研究了用正弦函数与余弦函数的无穷和来描述周期分布的想法。这样的无穷和如今被称为"傅立叶级数"，在工程及物理领域有广泛的应用。不过，傅立叶的原始推导中满是错误及矛盾之处。其中一些相互抵消了；但有很多傅立叶忽略的部分，假如他确实曾注意到的话。换言之，傅立叶级数的初始理论并没有比微积分更牢固的基础；不过像微积分一样，它被证明是一个极富变化而实用的工具。但就像对微积分那样，傅立叶之后的许多数学家也不得不花费大量时间来修补漏洞。

这些实例并非例外。正如我们所见，比傅立叶更有能力的数学家怀尔斯，不得不经历一个非常类似的纠错过程，尽管这在他的个例中只要两年，而不是一个世纪。数学中几乎每一个新的发现都是在一个粗略而现成的状态下起步的，必须加以改进并完善才能呈现给同行，更不用说教给初学者了。

大多数现代的教科书都遵循着同欧几里得《几何原本》一样的模式，从简单的起点开始，以紧密顺畅的逻辑流程来构建数学。也就是说，我们允许或者期望学生们跟随一条甚至连最初的探索者都不曾看见的清晰路径。如果学生们有机会回顾那些初始的发现，很可能会找到非常不同的东西：某个反复尝试的过程，以错误开端而以死胡同收场；半成形的想法，对应着进行到一半的工作，而留待别人去发展；经年累月才得以改善的较成形的构想；所有这些最终都得由这样的老师来修正——他们可能并非创新者，但必须具备同样重要的天赋，即明白如何向初学者进行解释。换句话说，一本经过润饰的教科书极少向我们谈及起初走进数学时的那种直觉与艰辛工作、想象力与奋斗。那是历史学家的任务。

第七章

不断发展的数学史

过去的几个世纪中，编撰及思考数学史的方式已经发生了很大的变化；其中有些与更普遍的思想文化史上的变化保持着一致，有些则是数学特有的。正如我们在第二章所见，约翰·利兰在16世纪50年代采用的方法，被一个世纪后的约翰·赫拉德·福西厄斯所沿用，也就是尽可能多地将有关作者、日期和文本的许多事实记录下来，而不对那些文本所包含的内容进行任何分析。不管怎样，至17世纪后期，任何对数学感兴趣的人都很清楚，该学科的力量、范围和技术正在迅速发展："几何每天都在前进"，约瑟夫·格兰维尔于1668年如是写道；而仅仅几年之后，约翰·沃利斯便称颂了使代数达到"现今高度"的"发展与进步"。

18世纪是个"百科全书式"的时代，有两本专注于数学史的重要出版物问世：让·埃蒂安·蒙蒂克拉的《数学史》，1758年在巴黎出版（1799年至1802年扩展为四卷本）；以及查尔斯·赫顿的《数学与哲学词典》，其中收入许多历史性文章，1795年出版于伦敦。但至19世纪后期，关注焦点发生转移，就像在其他研究领域那样，从二手记载转向了古代及中世纪文本的学术性版本与译本（文艺复兴时期也是如此）。以本书前面所讨论的文本为例：

丢番图所著《算术》的第一个英文译本由托马斯·希思出版于1885年；希思版的欧几里得《几何原本》，以当时可获得的最好的学术成果为基础，于1908年问世；查尔斯·路易斯·卡尔平斯基根据中世纪的一个拉丁语版本翻译了花剌子米的《代数》，仅仅几年后于1915年出版。这样的版本无论在过去还是现在都是非常珍贵的：《算术》和《代数》以前都没有英文译本；希思版的《几何原本》直到今天仍是标准的英文版本。

不过，现代历史学家也以谨慎的态度来对待此类版本。希思关于《算术》的论文，以“亚历山大的丢番图：希腊代数的历史研究”为标题，这一标题所提出的问题在本书中已经提及。此外，就阿波罗尼乌斯著作的希思版译本，一位评论员观察到“幸亏这本书进行了有效的缩编并用现代的符号替代了文字证明，这样它所占用的空间还不到原始文本的一半”。这又是个实例，历史学家或许并不会感谢希思的这项技巧，而宁愿看到未缩编的文本，这样一来就不会有现代标记所造成的时代错位。然而，许多20世纪初期数学史方面的学术研究是由数学家而不是由历史学家完成的，且处理方式大致相同，即将最初用埃及象形文字、苏美尔语、梵文或希腊语写成的文本译介成现代数学的符号和概念。译者们的动机本身并不应该受到指责：在试图理解乍一看似乎完全陌生的观念时，把它们同更熟悉的事物联系起来是很自然的；危险在于，对自己不熟悉的想法，人们仅将其视作我们如今能更有效完成之事的过时体现，就像我们所看到的那样。这样一来，历史就会被重写，但并非遵从原作者的观点，而是从我们自己的视角出发。

在最早对现代化所导致的扭曲进行抵制的人士中，就有研究古代数学的历史学家。他们于20世纪90年代率先尝试，尽可能地恢复并保存原始文献的习语风格及思想过程。雷维尔·内茨编辑并翻译了阿基米德的作品。正如他在一则如今经常被引用的评论中所说的，“学术性翻译的目的，就我所理解的来说，是消除和外语本身有关的所有障碍，而保留所有其他障碍”。这便迫使当今历史性数学文本的读者付出比五十年前的读者更多的努力，但他们因此在历史认知方面的收获也会无比丰硕。

那些研究古代数学著作的人也引领了历史编纂工作的其他方面，部分原因是过去他们的资料就是用那种方式随意而无序地收集而来的。比如，单单一块黏土板能告诉我们的极为有限，除非我们知道它是在哪儿或在什么时候写成的。假如我们要就某份特定文本是如何与在同一地区或别处所发现的其他文本发生关联勾勒出一幅图画，那么上述信息便至关重要。许多早期发掘的黏土板，或被存放于博物馆而关于其来源只有很少的信息，或被售卖于古物市场而根本不知出处，这就使得历史学家们现在很难从中推断出有用的信息。幸运的是，今天的考古学家在移开每一层证据之前都会非常仔细地记录位置和周边事物。对于用笔墨书写而褪色或残损的文本，现代技术还推动了阅读上的进步。第三章中，我们提到了被重新发现的阿基米德的文本。在这方面，对该文本所做的修复工作就尤为出色。学者们不仅能阅读大部分的原始文本，而且还能辨认出那位把羊皮纸擦拭干净并在上面重新书写的抄录员：约安尼斯·米罗纳斯，1229年的大斋节期间他在君士坦丁堡工作。恢复文本本身和重现文本背后的故事应该齐头并进，这再合适不过。

数学史学家已逐渐摆脱了纯粹的“内在论者”的观点。在这种观点中，数学发展被看作是自发产生的，而无论外界影响如何。正如本书中一遍遍所展示的那样，数学活动在长达数世纪的岁月里以多种方式呈现出来，而所有方式都是由社会和文化决定的。不管怎样，我们倒洗澡水时不应该连同婴孩一起倒掉：数学家们常常致力于解决某个特定的问题，不是因为它可能有用或因为有人要求他们那样做，而是因为问题本身引发了他们的想象。牛顿与莱布尼茨发明微积分，鲍耶和罗巴切夫斯基探究非欧几里得几何，或怀尔斯证明费马大定理，恰恰都是这种情况。在这些实例中，进步首先取决于对数学的深入和专注的参与。在这个意义上，数学创造力可说是一个内在自发的过程。不过，那些在特定时间或地点被认为是重要的数学问题，它们出现的方式，它们被理解、被阐释的方式，都受到数学本身以外的众多因素影响，比如社会、政治、经济及文化等诸多方面。对历史学家而言，背景已经变得和内容同样重要。

近年来另一个重大变化是，人们日渐认识到，少数著名数学家所做的数学，并未反映出社会其他层级数学活动与经验的多样性（尽管是建立在此基础之上）。非精英式数学的历史一直是本书的核心主题之一。像许多其他学科的学者一样，数学史学家对性别和种族问题也变得更为敏感。对进入现代西欧之前或以后的文化进行研究，过去由于资料的缺乏或语言上的障碍而受到了制约。但随着网络图片、新式翻译和学术性评论正使越来越多的原始资料无论在知识还是物质层面都更容易获得，上述情况当下正发生变化。因此，过去的数学不再单单被视为现今数学的前身，而是被看作其当代自身文化的一个组成部分。

就像如今所有蓬勃发展的学科一样，投身于数学史研究的人必须要跨越界限。确实，从事该学科工作的最大乐趣之一就是，可以从考古学家、档案管理员、汉学家、古典学家、东方学家、中世纪学家、科学史学家、语言学家、艺术史学家、文学批评家、博物馆策展人以及许多其他专家的专业知识中学习。原始资料的范围也同样扩大了，不再局限于曾经阐述最新思想的书籍或手稿，而是包括书信、日记、笔记草稿、练习册、测量仪器、计算设备、绘画、素描以及小说在内。最后一项听起来可能令人吃惊，但小说家或许是当代数学观点最敏锐而最清晰的记录者；有兴趣跟进此话题的读者，可以在“扩展阅读”一节找到更多的内容。

过去的五十年中，历史学家所提出的问题已经发生变化且多样化起来。只是问谁在何时发现了什么，已经不够了。我们还想知道，什么样的数学实践吸引了一群人或是个别人，以及为什么。有哪些历史或地理影响在起作用？参与者或其他人如何看待数学活动？哪些方面受到特别重视？人们采取了哪些措施来保存或传承数学专业知识？谁为此支付费用？作为个体的某位数学家是如何管理自己的时间和技能的？他们的动机是什么？他们产出了什么？他们用它来做了什么？以及他们这一路上都在同谁讨论、合作或争论?

大多数这类问题的大多数答案都很难有任何确定性。数学史学家也像所有其他历史学家一样,研究零散而不严密的证据;从中他们必须尽可能仔细地重建事关历史却并不完整的故事。这种尝试对于我们可以了解的一项人类活动仍是重要而值得的。它就像产生文学或音乐的活动一样古老而广泛,并且已经以多种文化形式丰富地表现了出来——这项活动就是从事并创建数学。

译名对照表

A

abacus 算盘

Abba-ṭābum 阿巴-塔布姆

Abū Naṣr Manṣūr 阿布·纳斯尔·曼苏尔

Acta eruditorum《博学通报》

Adelard of Bath 来自巴斯的阿德拉德

Afghanistan 阿富汗

Albury, Surrey 萨里郡的奥尔伯里

alchemy 炼金术

Alcuin 阿尔库因

d'Alembert, Jean le Rond 让·勒朗·达朗贝尔

Alexander, Eleanor 埃莉诺·亚历山大

Alexander the Great 亚历山大大帝

Alexandria 亚历山大（城）

algebra 代数

algorism 算法

Ampère, André-Marie 安德烈-马利·安培

Amsterdam 阿姆斯特丹

　Gymnasium 文理中学

Annales de mathématiques pures et appliqués《纯粹数学与应用数学年鉴》

applied mathematics 应用数学

Apollonius 阿波罗尼乌斯

Appleton-le-Moors, Yorkshire 约克郡的阿普尔顿-勒-穆尔斯

Archimedes 阿基米德

architecture 建筑学

arithmetic 算术

Arsakeion Schools 阿塞克翁学校

Asper, Markus 马库斯·阿斯珀

astrolabe 星盘

astrology 占星术

astronomy 天文学

Attersall, Elisabeth 伊丽莎白·阿特索尔

Aubrey, John 约翰·奥布里

Auburn, David 戴维·奥伯恩

B

Bachet, Claude Gaspar 克洛德·加斯帕尔·巴谢

Bacon, Roger 罗杰·培根

Baghdad 巴格达

Balkans 巴尔干

Bān Gù 班固

Bān Zhāo 班昭

Banū Mūsā 穆萨家族

Basra 巴士拉

Bede 贝德

Berkeley, George 乔治·贝克莱

Berlin 柏林

　Academy of 柏林科学院

　University of 柏林大学

C

D

M

N

S

T

U

V

W

X

Z

扩展阅读

Chapter 1

Primary sources

Robert Recorde, *The Pathway to Knowledg* (London, 1551); painstakingly reprinted by Gordon and Elizabeth Roberts (TGR Renascent Books, 2009).

Secondary sources

Markus Asper, 'The two cultures of mathematics in ancient Greece', in Eleanor Robson and Jacqueline Stedall (eds), *The Oxford Handbook of the History of Mathematics* (Oxford University Press, 2009), pp. 107–132.

Simon Singh, *Fermat's Last Theorem* (Fourth Estate, 1997; Harper Perennial, 2007).

Benjamin Wardhaugh, 'Mathematics in English printed books, 1473–1800: a bibliometric analysis', *Notes and Records of the Royal Society*, 63(2009): 325–338.

Chapter 2

Primary sources

The Suàn shù shū, writings on reckoning: a translation of a Chinese mathematical collection of the second century BC, *with explanatory commentary*, tr. Christopher Cullen (Needham Research Institute, 2004).

Fibonacci's Liber abaci: Leonardo Pisano's book of calculation, tr. L. E. Segal (Springer, 2002).

Secondary sources

Christopher Cullen, 'People and numbers in early imperial China', in Eleanor Robson and Jacqueline Stedall (eds), *The Oxford Handbook of the History of Mathematics* (Oxford University Press, 2009), pp. 591–618.

G. E. R. Lloyd, 'What was mathematics in the ancient world?', in Eleanor Robson and Jacqueline Stedall (eds), *The Oxford Handbook of the History of Mathematics* (Oxford University Press 2009), pp. 7–25.

Benjamin Wardhaugh, 'Poor Robin and Merry Andrew: mathematical humour in Restoration England', *BSHM Bulletin*, 22(2007): 151–159.

Chapter 3

Primary sources

The thirteen books of Euclid's *Elements* in MS D'Orville 301, from 888, http://www.claymath.org/library/historical/euclid/ last accessed November 2011.

David Joyce, 'A Quick Trip through the Elements', compiled in 2002, http://aleph0.clarku.edu/~djoyce/java/elements/trip.html, last accessed January 2012.

Secondary sources

June Barrow-Green, '"Much necessary for all sortes of men": 450 years of Euclid's *Elements* in English', *BSHM Bulletin*, 21(2006): 1–25.

Annette Imhausen, 'Traditions and myths in the historiography of Egyptian mathematics', in Eleanor Robson and Jacqueline Stedall (eds), *The Oxford Handbook of the History of Mathematics* (Oxford University Press, 2009), pp. 781–800.

Victor Katz (ed.), *The mathematics of Egypt, Mesopotamia, China, India, and Islam: a sourcebook* (Princeton University Press, 2007).

Reviel Netz and William Noel, *The Archimedes Codex: revealing the secret of the world's greatest palimpsest* (Weidenfeld and Nicolson, 2007).

Eleanor Robson, *Mathematics in ancient Iraq: a social history* (Princeton University Press, 2006).

Corinna Rossi, 'Mixing, building, and feeding: mathematics and technology in ancient Egypt', in Eleanor Robson and Jacqueline

Stedall (eds), *The Oxford Handbook of the History of Mathematics* (Oxford University Press, 2009), pp. 407–428.
Benjamin Wardhaugh, *How to read historical mathematics* (Princeton University Press, 2010).

Chapter 4

Primary sources

Copy books in the John Hersee collection owned by the Mathematical Association, in the David Wilson Library at the University of Leicester.

Secondary sources

Marit Hartveit, 'How Flora got her cap', *BSHM Bulletin*, 24(2009): 147–158.
Eleanor Robson, *Mathematics in ancient Iraq* (Princeton University Press, 2008).
Polly Thanailaki, 'Breaking social barriers: Florentia Fountoukli (1869–1915)', *BSHM Bulletin*, 25(2010): 32–38.

Chapter 5

Sonja Brentjes, 'Patronage of the mathematical sciences in Islamic societies', in Eleanor Robson and Jacqueline Stedall (eds), *The Oxford Handbook of the History of Mathematics* (Oxford University Press, 2009), pp. 301–327.

Chapter 6

Primary sources

Euclid, *The first six books of the Elements of Euclid*, beautifully reproduced in colour from Oliver Byrne's 1847 original by Werner Oechslin and Petra Lamers-Schutze (Taschen, 2010).
Euclid, *Elements*, Oliver Byrne's coloured edition of 1847 combined with David Joyce's interactive version of 2002 http://www.math.ubc.ca/~cass/Euclid/byrne.html, last accessed January 2012.

Secondary sources

Glen van Brummelen, 'Filling in the short blanks: musings on bringing the historiography of mathematics to the classroom', *BSHM Bulletin*, 25(2010): 2–9.

Chapter 7

Tony Mann, 'From Sylvia Plath's *The Bell Jar* to the Bad Sex Award: a partial account of the uses of mathematics in fiction', *BSHM Bulletin*, 25(2010): 58–66.